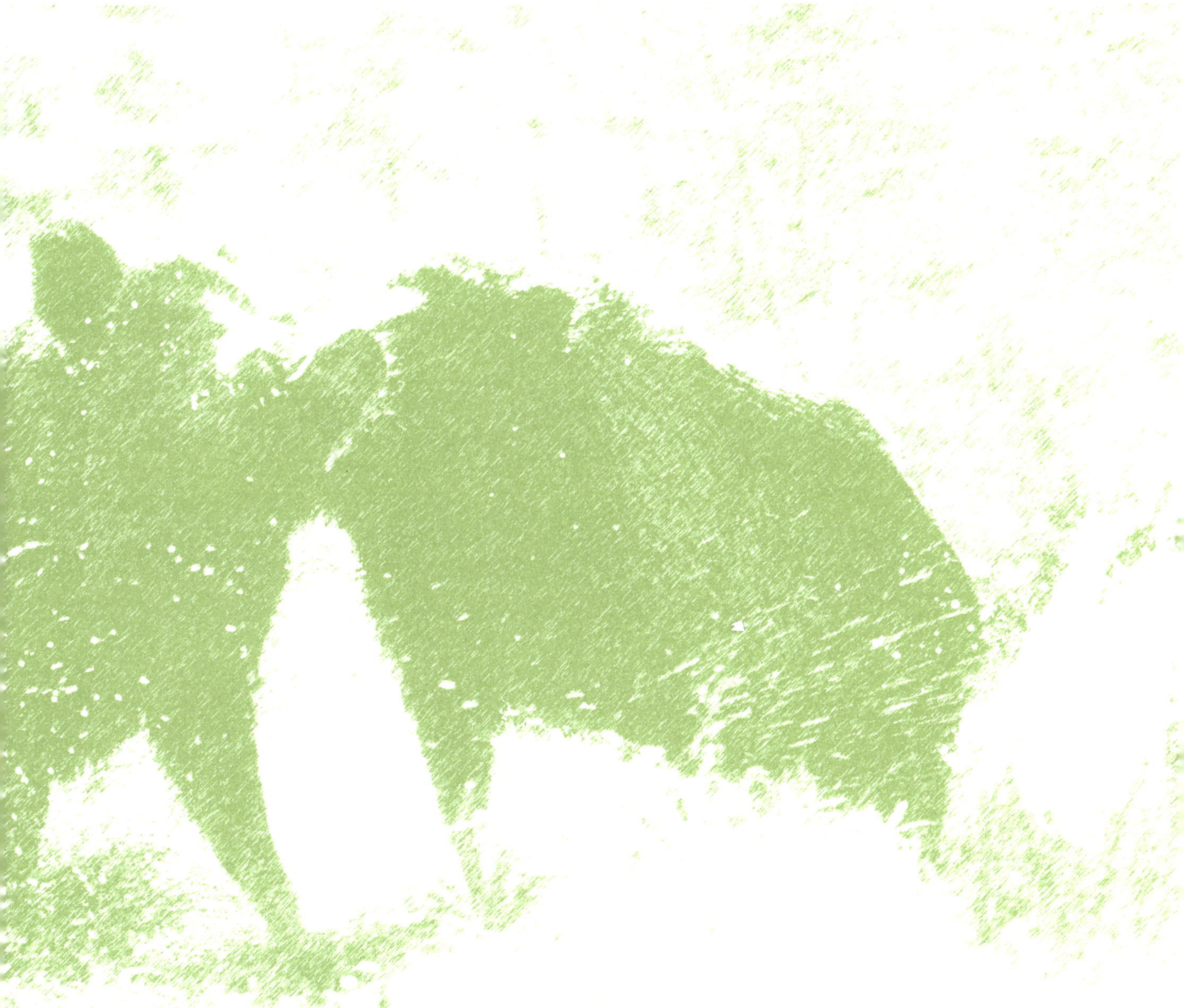

Erich Marek

mit Texten von Bernd Krewer und Erich Marek

VON RAUSCHZEIT ZU RAUSCHZEIT

Ein Jahr im Schwarzwildrevier

NEUMANN-NEUDAMM

Verlag für Jagd und Natur

Erich Marek

mit Texten von Bernd Krewer und Erich Marek

Von Rauschzeit zu Rauschzeit

Ein Jahr im Schwarzwildrevier

Neumann-Neudamm

Morgenstimmung im Schwarzwildrevier

Impressum

ISBN 3-7888-0828-4

Verlag J. Neumann-Neudamm AG
Schwalbenweg 1, 34212 Melsungen
Tel. 05661-52222, Fax 05661-6008,
www.neumann-neudamm.de

Printed in Germany

Texte:
Bernd Krewer und Erich Marek

Satz/Layout:
a3 communication ag, Rombach, Schweiz

Druck und Verarbeitung:
J.P. Himmer GmbH & Co. KG, Augsburg

Bildnachweis:
alle Bilder Erich Marek, mit Ausnahme Bilder Seite 74, 119 u.r., 151 o.: Hubert Demmel

Inhalt

Vorwort

Es gibt kaum eine andere Schalenwildart, die für den Menschen eine so große Bedeutung hat, wie das Schwarzwild, ist dieses doch der Ursprung des so hoch geschätzten Hausschweines.

Meine persönliche Zuneigung zu den Sauen habe ich schon seit dem Anfang meiner Zeit als Wildfotograf und Jäger. Und das liegt bereits vierzig Jahre zurück. Damals war aus dem Grund der Technik und des Geldes leider überhaupt noch nicht daran zu denken, Sauen zu fotografieren. Teleobjektive mit einer Lichtstärke von 5,6 oder mehr erlaubten es nicht, von solchen Objekten gute Bilder zu machen. Dies hat sich in der neuesten Zeit grundlegend geändert. Mit hochempfindlichen Filmen und lichtstarken Autofocusobjektiven ist es heute möglich, Fotos von sich schnell bewegenden Tieren zu machen.

Eigentlich war es eine schöne Zeit damals, Wildtiere und unberührte Natur gab es noch im Überfluß. Störungen gab es so gut wie keine, aber man mußte sich seine Bilder ersitzen.

Als Jäger bekam ich bald einen sehr guten Kontakt zum Hause Fürstenberg und seinen hervorragenden Revieren und so auch zu den Sauen. Meine ganze Zeit verbringe ich im Schwarzwildrevier, um den damals so bekanntgewordenen „Sauvater" Meynhardt zu imitieren, was mir teilweise auch sehr gut gelungen ist. Aus dieser Erfahrung heraus suchte ich weitere Kontakte und landete in einem einzigartigen Revier, in dem ich uneingeschränkt als Wildfotograf arbeiten kann.

Es beginnt die Zeit des Zusammenlebens mit den Sauen, wobei mir die Forstdirektion sowie ein guter Freund der hier als Berufsjäger arbeitet, sehr behilflich waren. Schwarzwild ist sicher ein sehr intelligentes Wild und es gelang mir, mich einer Rotte anzuschließen. So entstanden einige einzigartigen Bilder, die von Tag zu Tag mehr wurden.

Erich Marek auf einer seiner zahlreichen Fotopirschen in den ungarischen Donau-Auen.

Bei einem Zusammentreffen mit meinen Kollegen von der Redaktion der PIRSCH bei einer Saudrückjagd in Bamberg wollte ich ein wenig Motivation für den bevorstehenden Jagdtag mit einigen Schwarzwildbildern in die Runde bringen und genau dieser Abend war die Geburtsstunde für diesen Bildband: „Von Rauschzeit zu Rauschzeit“.

Nicht vergessen möchte ich natürlich, denen Danke zu sagen, die mich unterstützten und es möglich gemacht haben, mit den Sauen zu leben.

Erich Marek

Zum Geleit

Das Schwarzwild unterliegt von allen in Deutschland beheimateten Schalenwildarten den größten Populationsschwankungen. Die von den Jägern erlegten Jahresstrecken dieser Wildart spiegeln das deutlich wieder. Wir hatten vor einem halben Jahrhundert schon einmal eine sehr hohe Population – bedingt durch die mangelnde Bejagung in den letzten Kriegsjahren und die Entwaffnung der deutschen Jäger nach Kriegsende. Es gelang aber nach Wiedererlangung der Jagdhoheit verhältnismäßig schnell, die Sauen auf eine landwirtschafts-verträgliche Dichte herunter zu schießen.

In den vergangenen zwanzig Jahren ist wiederum ein kontinuierliches, ja beinahe dramatisch zu nennendes Anwachsen der Schwarzwildbestände in allen Bundesländern festzustellen. Wurden vor zwanzig Jahren etwa 170 000 Sauen erlegt, so sind es heute mehr als 530 000, das heißt, dass in dieser Zeit sich die Höhe der Schwarzwildpopulation mindestens verdreifacht hat.

Die Gründe dafür sind vielfältig. Die Nahrungsgrundlage für die Sauen hat sich in der Fläche erheblich verbessert. Hatten wir früher alle fünf bis sieben Jahre eine Eichen- und/oder Buchenmast, so haben wir solche heute alle zwei bis drei Jahre. Die Maisanbauflächen haben bundesweit sehr zugenommen und die Jäger beschicken ihre Kirrungen mit teilweise großen Mengen Körnermais. Alles zusammen genommen hat zur

Folge, dass die Bachen mehr Frischlinge zur Welt bringen als früher und dass bereits Frischlingsbachen im Alter von sechs oder sieben Monaten rauschig werden. Gelingt es den Jägern nicht, den Zuwachs weitgehend abzuschöpfen und auch in die Zuwachsträger einzugreifen, dann wächst der Schwarzwildbestand unweigerlich weiter an mit allen negativen Folgen für die Landwirtschaft und die Anfälligkeit gegenüber wildartspezifischen Seuchen, zuvorderst der Schweinepest.

Das heimische Wildschwein ist die Stammform des europäischen Hausschweins, das lernt jeder in der Grundschule. Sind unserem armen Hausschwein durch die Domestikation nahezu alle arttypischen Verhaltensweisen und Instinkte abhanden gekommen – insofern hat das Schimpfwort „dummes Schwein“ leider durchaus seine Berechtigung – so ist das Wildschwein ein Tier mit beinahe analytischer Intelligenz geblieben. Es hat gelernt, mit dem Menschen umzugehen. Es weiß beispielsweise, dass der helle Mond nicht sein Freund ist und meidet mondbeschienene Flächen, an denen es schon mehrfach geknallt hat. Andererseits hat es nicht die geringste Scheu, am helllichten Tage Schrebergärten in unmittelbarer Nachbarschaft von Menschen, Hunden und Autoschnellstraßen heimzusuchen.

Ist das Reh einfach nur „lieb“ und der Hirsch der „König der Wälder“, so ist das Verhältnis der nichtjagenden Menschen zum Schwarzwild eher distanziert. „Man“ weiß, dass Bachen gelegentlich ihren Nachwuchs vehement verteidigen, wenn sie ihn in Gefahr wähnen und dass auch mit Keilern nicht gut Kirschen essen ist. Der Normalbürger „erlebt“ das Wildschwein lieber in Form von Ragout als lebend im Wald.

Das Schwarzwild ist eine faszinierende Wildart, das wissen vor allem die Jäger, die mehr oder weniger täglich direkten oder indirekten Kontakt zu „ihren“ Sauen haben. Leider lässt die viel zu hohe Schwarzwilddichte es in den allermeisten Revieren nicht mehr zu, sich die Sauen in aller Ruhe durch das Fernglas anzusehen. Fast immer muss sofort zum Gewehr gegriffen werden, wenn Sauen auftauchen, „man“ sucht sich ein passendes

Kaum macht die Wintersonne das Eis brüchig, sind die Sauen in der Suhle.

Stück aus, es knallt und Sekunden später ist die Bühne leer – bis auf das hoffentlich verendet auf dem Anschuss liegende beschossene Stück.

Diesem Erlebnis-Defizit bei den Jägern soll dieser Bildband abhelfen und auch den nichtjagenden Naturfreund ansprechen, der normalerweise bei seinen Wald-Spaziergängen kaum Gelegenheit haben dürfte, solche intimen Einblicke in das Leben unserer Schwarzkittel zu bekommen.

Ich lernte Erich Marek vor etwa zwanzig Jahren im südlichen Schwarzwald anlässlich der großen Saujagden des Fürsten Fürstenberg in Bittelbrunn und im Unterhölzer Wald kennen. Heute kann ich sagen, dass aus diesen Begegnungen eine enge jagdliche und menschliche Freundschaft geworden ist. Mir ist es zeitlebens nicht gelungen, die Grenze vom „Knipsen" zum „Fotografieren" zu überschreiten und ich bewundere und beneide Erich Marek, den ich für einen der besten, wenn nicht den besten Wildfotografen Deutschlands halte. Wenn unsereiner schon froh ist, ein Wildtier oder einen Hund überhaupt einigermaßen scharf auf den Film zu bannen, so genügt das Erich Marek nicht. Er hat ein unglaublich sensibles Gespür dafür, wann er den Auslöser drücken muss, damit das Foto auch eine Aussage bekommt. Was ich damit meine, werden Sie beim Durchblättern und Bewundern dieser Schwarzwild-Fotoauswahl verstehen. Er war, um diese Aufnahmen machen zu können, eine lange Zeit sozusagen „Keiler honoris causa", was heißt, dass „seine" Schwarzwildfamilien ihn nicht mehr als Gefahr und Bedrohung empfunden, sondern seine Nähe toleriert haben. Dass er dabei einige Male in durchaus brenzlige Situationen gekommen ist, wird jeder glauben, der die Keiler-Bilder einmal aus diesem Blickwinkel betrachtet.

Ich habe es übernommen, zu den einzelnen Bild-Sequenzen entsprechende wildbiologische und auch jagdliche Informationen zu geben. Die meisten Fotos sprechen für sich und bedürfen keiner Kommentare. So habe ich mich auf allgemeine Hinweise und auch gelegentlich Wiedergabe eigener Erfahrungen zu den einzelnen Kapiteln beschränkt. Es soll ein Bildband bleiben und kein Lehrbuch über das Schwarzwild, und da wären allzu viele und zu lange Texte eher störend.

In der Rauschzeit 2003, Bernd Krewer

Nächste Seite:
Es ist Herbst geworden.

Die Jagd

Die Poesie der Jagd

Nein, dieser Text und diese Überschrift ist nicht einem historischen Werk entnommen, sondern im Jahre 2003 geschrieben worden.

Der Zeitgeist hat auch in der Jagd Einzug gehalten und von Poesie ist da nicht mehr viel zu spüren. Als eindeutiges Indiz dafür kann man bewerten, dass in der Literatur die jagdliche Belletristik kaum mehr gefragt ist und sich große und traditionsreiche Verlage bereits von dieser Sparte verabschiedet haben.

Wir haben in Deutschland etwa 340 000 Jäger. Da müsste es doch möglich sein, ein durchaus gutes belletristisches Jagdbuch mit einer Auflage von beispielsweise 4000 gedruckten Exemplaren in sagen wir einmal zwei Jahren an die Leser zu bringen. Aber dies gelingt nur noch bei einer verhältnismäßig kleinen Zahl der jährlichen Neuerscheinungen im belletristischen Bereich. Dabei gibt es durchaus auch heute noch Jagdschriftsteller, die in diesem Genre die Feder gut zu führen verstehen. Aber oft liegen ihre Bücher wie Blei in den Regalen der Verlage und des Buchhandels.

Der Jäger von heute hat zum Lesen wohl keine Zeit mehr. Beruf und familiäre Verpflichtungen fressen seine Zeit auf. Hat er dann endlich mal Zeit für einen Abendansitz, so hetzt er mit dem Off-Roader und der frisch erstandenen Luxus-Doppelbüchse (im Preis eines Mercedes in Sonderausstattung) ins Revier und auf den Hochsitz an der Kirrung. Er weiß, dass er um 19 Uhr sitzen muss. Sein Jagdaufseher hatte ihm telefonisch mitgeteilt, dass die Sauen um etwa 19.30 Uhr kommen würden. Jedenfalls seien sie ausweislich der installierten Wilduhr in den letzten Tagen immer dann dort gewesen. Kommen die lieben Sauen an diesem Abend nicht rechtzeitig, kriegt der Jagdaufseher einen auf den Hut. Und um 21 Uhr steht ja noch ein Geschäftsessen auf dem Terminkalender.

Auf dem Weg zum Hochsitz sieht er weder den Fliegenpilz neben dem sauber geharkten Pirschpfad noch registriert er das abendliche Konzert der Vögel. Vielleicht hört er es auch gar nicht mehr, weil seine Lauscher durch jahrelanges Bombardement mit Techno-„Musik" bereits irreparabel geschädigt sind.

Habe ich übertrieben? Vielleicht, aber muss man nicht übertreiben, wenn man eine Entwicklung deutlich darstellen will?

In Ortega y Gasset's Meditationen über die Jagd schrieb dieser große spanische Philosoph: „Wir jagen nicht um zu töten, sondern wir töten, um gejagt zu haben." Stimmt das heute noch für die Mehrheit unserer deutschen Jäger? Ich hoffe es und will es auch noch glauben, wenn auch manche Kontakte zu modernen Hubertusjüngern meine Zweifel daran eher nähren.

Ob die Jagdschriftsteller Cramer-Klett, v. Gagern und Hans Lux, um nur beispielhaft diese drei zu nennen, heute noch die schriftstellerischen Erfolge hätten wie zu ihrer Zeit oder ob ihre Bücher auch auf den Ramschtischen landen würden, ich weiß es nicht.

Die explodierten Schwarzwildpopulationen überall zwischen Flensburg und Garmisch erzwingen eine

Vom Wind und Sturm gezeichnet
stehen dicke Föhren über den
Dickungen der Sauen.

Jagd in den Donau-Auen:
Oft lassen sich Schwierigkeiten nur mit der Pferdekutsche bewältigen.

Ohne Hunde und Ihren Führern geht nichts.

intensive Bejagung mit nahezu allen Mitteln und stellenweise auch unter Preisgabe vieler, früher als selbstverständlich angesehener waidmännischer Jagdpraktiken. Aber hat nicht gerade unser Schwarzwild eine waidgerechte Bejagung verdient? Die Sauen können ja nichts dafür, dass wir Jäger mit tausenden von Tonnen gelben Viagras (Mais) mit dazu beigetragen haben, dass die Situation so ist wie sie ist. Manchmal glaube ich, dass sich viele Jäger mit den extrem hohen Schwarzwildbeständen irgendwie abgefunden und sich darin sozusagen häuslich eingerichtet haben. In vielen Revieren ist es ja mittlerweile einfacher, eine Sau an der Kirrung zu schießen als einen guten Rehbock auf der Mai-Klee-Wiese.

Wer den Reviergang mit seinen oft unglaublichen Erkenntnissen über alles, was im Revier passiert, nicht mehr pflegen kann, den kann man nur bedauern. Wer seinen Hund im Zwinger verdummen lässt (sofern er überhaupt einen hat), statt ihn bei jeder jagdlichen Tätigkeit im Revier als absolute Selbstverständlichkeit dabei zu haben, der kann mir nur noch leid tun (und der Hund natürlich auch). Und wer sich nicht mehr an der bildhaften Sprache eines Freiherrn von Cramer-Klett begeistern kann, dem entgeht alles, was ich unter der Poesie der Jagd verstehe.

Dieser Bildband mit den phantastischen Fotos von Erich Marek hat ja auch eine Menge mit Poesie zu tun. Vielleicht öffnen die Bilder dem einen oder anderen Jäger die Augen dafür, was es alles neben dem Pirschpfad und beim Reviergang mit dem Hund zu entdecken gibt. Wer sein Revier (fast) nur noch durch das leuchtpunktbewehrte Absehen 1 oder 4 betrachtet, dem allerdings ist nicht zu helfen.

Jeden Augenblick können die Sauen erscheinen.

Das Rotkehlchen

Über Wochen herrscht schon eine beißende Kälte und der klare Himmel verspricht noch lange kein baldiges Ende des scharfen Ostwindes. Für Saujagden natürlich ein hervorragendes Wetter, wenn man die richtige Kleidung gewählt hat. Saujagd im Auwald. Aus den oberen Regionen der Bäume schaukeln lautlos die trockenen Blätter zu Boden.

Mir ist dieses Revier nicht unbekannt denn viele Stunden, ja Tage habe ich hier schon mit meiner Kamera verbracht, um Sauen auf Celluloid zu bannen. Heute aber wird gejagt. Ich weiss nicht, ob ich beim Anstellen etwas bevorzugt bin, aber mein Platz erscheint mir besonders gut. Man kann das ja nie voraus sagen, Hauptsache ist, man hat das gute Gefühl.

Ich fühle mich wohl auf meinem Rucksackstuhl unter meinem Lodenmantel. Dem Jagdkollegen neben mir scheint es ebenso zu gehen. Vor mir breitet sich ein fast stehendes Wasser eines Altrheinarmes aus. Hier erhoffe ich mir allzugerne den Anblick eines Schwarzkittels, schon aus dem Grund, weil ich meine Telekamera dabei habe.

Man schaut nicht auf die Uhr auf einer Drückjagd, um zu sehen, wie lange man schon sitzt. Man horcht hinein in das Treiben, auf das Hussa und Hopp – Hopp

Meist verhoffen die Sauen im Bestand, bevor sie einen Weg überfallen.

der Treiber, ja wäre da nicht der kleine Vogel gewesen mit einer wunderschönen orangefarbenen Brust: das Rotkehlchen. Man könnte meinen, dass es ihm ganz besonders hier gefällt. Altes Laub, umgefallene Bäume und vermoderte Rinde, von den Sauen aufgewühltes Moos: das ist gerade so nach Rotkehlchens Geschmack. Es ist nur der harte Frost im Auwald, der dem kleinen Vogel das Leben so schwer macht.

Meine Augen interessieren sich plötzlich für nichts Anderes mehr als für Rotkehlchen.

Die Kamera war längst schon aus dem Rucksack. Man kann es kaum glauben, der kleine Schelm bringt sich immer mehr in Fotostellung bis auf wenige Meter vor mir. Letztendlich wagt der Vogel sogar, auf meinem Schoß Platz zu nehmen. Durch die Lodenhose spüre ich die Wärme der kleinen Füßchen. Ich getraute mich kaum zu atmen. Plötzlich setzt er sich auf den Lauf meiner Büchse, als wollte er alle Jagd auf Sauen vereiteln. Bei aller Liebe zur Jagd war dieses Ereignis für mich ein so besonderer Höhepunkt an diesem Tag, dass ich in diesem Augenblick nur einen Wunsch hatte: Hoffentlich kommen jetzt die Sauen nicht.

Dieser Schuss sitzt.

Im Bereich der Bundesrepublik Deutschland wurden in den letzten Jahren im Schnitt mehr als 500 000 Sauen erlegt. Zum Vergleich: die Strecke an Rehen liegt bei ungefähr einer Million, auf je zwei erlegte Rehe kommt also etwa eine geschossene Sau. Diese Populationsentwicklung beim Schwarzwild ist beeindruckend und alarmierend zugleich und sollte auch jenen zu denken geben, die sich in den Medien lautstark für eine generelle Abschaffung der Jagd in unserem Lande stark machen.

Die Bejagung der Sauen basiert im wesentlichen auf drei Säulen:

a) der Bejagung an Kirrungen
b) der Bejagung bei Mond im Feld
c) der Bejagung bei Gesellschaftsjagden im Herbst und Winter.

Die mehr zufälligen Erlegungen von Sauen bei Pirsch und Ansitz, deren Zielobjekt eigentlich andere Wildarten waren, spielen demgegenüber – was ihre Zahl angeht – wohl eine eher untergeordnete Rolle.

Nachdem uns die früher normalen, schneereichen Winter durch den Klimawandel abhanden gekommen sind, ist das Jagen auf „gekreiste" Sauen die Ausnahme und sogenannte „grüne" Jagden sind wohl die Regel geworden. Musste man früher die Sauen regelrecht suchen und war dabei natürlich für den Schnee sehr dankbar, so brauchen wir den eigentlich heute nicht mehr. In jeder Dickung sitzen mit hoher Wahrscheinlichkeit Sauen und so können wir durchaus sozusagen „auf Verdacht" und in der Regel sehr erfolgreich auch ohne Schnee das Schwarzwild bejagen.

Sauen und verschneiter Winterwald sind ein Jägertraum.

Ein sicherer Drückjagdstand.

Der sichere Schuss.

Es hat schon einen hohen jagdlichen Erlebniswert, wenn die Hunde jagen und man an deren giftigem Laut erkennen kann, dass sie Sauen gefunden haben und nun versuchen, diese vor die Gewehrläufe der draußen wartenden Jäger zu bringen. Für sehr viele Jäger – auch für mich – gehören solche Saujagden mit guten Hunden zu den Höhepunkten des Jagdjahres.

Ist es den Hunden gelungen, die Rotte zu sprengen, dann erhöhen sich für die „draußen" wartenden Jäger die Chancen beträchtlich, weil eben nicht einem oder zwei Jägern die Rotte geschlossen anwechselt und vielleicht nur diese beiden zu Schuss kommen. Man hört dieses „Sprengen" oft dadurch, dass plötzlich der Standlaut der Hunde in giftigen Hetzlaut übergeht und das sternförmig in verschiedene Richtungen. Jetzt sollte man doch schon mal entsichern, vor allem, wenn man selbst kein sehr großes Schussfeld hat. Doch auch auf sehr schmalen und engen Schneisen kann es klappen.

Bei einer großen Saujagd im süddeutschen Raum stellte man mich inmitten einer Fichtendickung auf eine kaum mehr als drei Meter breite Schneise. „Vertrauen ehrt" – dachte ich mir und widmete mich meinem Frühstück aus dem Rucksack. Da knackte es in den Fichten und auf die Schneise kamen einige Überläufer und – oh Wunder – sie verhofften. Einer stand scheibenbreit – das hätte er nicht tun sollen, er hat den Knall nicht mehr vernommen. Eine halbe Stunde später wiederholte sich das ganze, drei Überläufer kamen auf die Schneise, verhofften und schauten sich ihren toten Artgenossen an. Wiederum stand einer frei und breit und auch er machte auf der Stelle sein Testament.

Nach einer weiteren halben Stunde knackte es wieder und diesmal kam ein Keiler mit bereits deutlich sichtbaren Waffen. Dieser aber verhoffte im Trauf des Fichtenbestandes, ich sah nur sein Haupt bis etwa zu

Hundeführer und Jagdleiter besprechen den Einsatz der Meute.

Hat er die Kugel noch? Eine
Kontrollsuche ist notwendig.

Oben rechts: Mit schneller Flucht kommt der Überläufer über den Kahlschlag. Vorhalten – mitschwingen – Schuss.

Mitte rechts: Mit der Ansitz oder Drückjagd erfolgt die Regulierung des Schwarzwildes.

Unten rechts:
Der Schuss geht daneben!

den Tellern. Ich hoffte auf den nächsten Schritt, aber statt dessen kam eine gewaltige Flucht über die volle Wegebreite. Ich wurde in den Fichtentrauf der gegenüber liegenden Wegeseite noch gerade die Kugel los und hatte eigentlich auch ein ganz gutes Gefühl.

Grinsend kam Freund Heiner mich später abholen, er musste förmlich über meine Überläufer-Strecke hinübersteigen. Auf dem Anschuss des Keilers lag nicht etwa er selbst, sondern nur ein großer Röhrenknochen-

Gute Treiber – guter Jagderfolg.

Frischlinge immer bevorzugt bejagen!

Sauwetter!

Ein gut jagender Terrier darf bei einer Drückjagd nicht fehlen.

splitter. Sch..... ! Aber – wie sich später herausstellte – war er einige hundert Gänge weiter humpelnd einem anderen Jäger angewechselt und der hatte ihn mit einem sauberen Schuss erlegt.

Saujagd im Spessart. Wir machten noch ein nachmittägliches kleines Treiben und ich stand auf einem Wegebankett. Die Abstände zu meinen Nachbarn waren relativ gering, kaum mehr als fünfzig Gänge. Zwischen der getriebenen Dickung und unserer Schützenkette lag ein weiträumiges Buchenaltholz, man musste das Wild also von weither anwechseln sehen.

Die Hunde machten einen Mordsspektakel und da huschte ein stärkerer Frischling durch die Buchen auf meinen rechten Nachbarn zu. Der aber war mit irgend etwas so beschäftigt, dass er das Wutzchen nicht rechtzeitig bemerkte. Dieses hatte jedoch schnell die Bewegungen meines Nachbarn mitbekommen und änderte seine Fluchtrichtung. So flüchtete es dann zwischen meinem linken Nachbarn und mir über den Weg und auf der Wegeböschung erreichte es meine Kugel. Mein

Die Sauen ziehen immer näher zu meinem Ansitz.

Die aufmerksame Leitbache verhofft kurz und alle gehen flüchtig.

Schwimmend versucht ein Frischling, das rettende Ufer zu erreichen.

rechter Nachbar hatte gar nicht bemerkt, was ihm da entgangen war und guckte etwas verdutzt, mein linker Nachbar lüftete seinen Hut zu einem ehrlichen „Waidmannsheil!"

Bei einer anderen Saujagd stand ich in einem kleinen Tälchen, vor mir ein bereits recht durchsichtiges angehendes Buchenbaumholz, hinter mir – im Talgrund beginnend – eine Fichtendickung. Der Buchenhang vor mir war kurz, vielleicht sechzig Gänge hoch, also eine gute Schussdistanz. Es war verboten, gegen den Horizont zu schießen (was eigentlich selbstverständlich ist, da man ja dort keinerlei Kugelfang hat). Im Laufe dieses etwa dreistündigen Treibens kamen mir etwa dreißig Sauen, alle verhofften zunächst am Horizont, dann aber gaben sie Gas und stürmten hangabwärts in die hinter mir liegende Dickung. Ich verschoss sicher mehr als zehn Patronen, ohne auch nur eine einzige Borste zu beschädigen. Dafür war der angerichtete Flurschaden an den Buchen beträchtlich. Ich kriegte es einfach nicht hin, meine Kugeln auf die hochflüchtig hangabwärts stürmenden Sauen zu platzieren. Aufgrund meiner Kanonade kamen nach Ende des Treibens ein halbes Dutzend Treiber zu mir, um mir beim Bergen meiner gewiss imposanten Strecke zu helfen… Beim Schüsseltreiben hielt ich mich bescheiden im Hintergrund.

Saujagden im Herbst und Winter sind ein aufregendes Waidwerk und ich möchte sie nicht missen. Hoffentlich lässt es meine Gesundheit zu, dass ich noch manches Jahr mich darauf freuen darf.

Nächste Seite:
Morgenpirsch.

„Schwein“ gehabt: mein nicht besetzter Drückjagdstand.

Der nicht besetzte Stand

Es scheint, als könnte man sich auf das blasse Morgenrot verlassen, denn es regnet schon fast zwei Wochen. Am Anfang waren es nur ab und zu einige Schauer, die sich aber bald zu einem richtigen Landregen verdichtet haben. In Wirklichkeit ist es ein ausgesprochenes Sauwetter, wie die Leute in der Stadt zu sagen pflegen. Bei solchem Wetter bin ich eigentlich gerne im Schwarzwildrevier, denn das Wort Sauwetter hat schon seine Bedeutung. Anders sieht es aus, wenn Saujagd sein soll. Am wenigsten lieben es die Treiber, die in den nassen Dickungen die Sauen auf die Läufe bringen sollen. Doch auch mancher Jäger findet eine Ausrede, um lieber zu Hause zu bleiben bei so einem Landregen. So war es auch bei dieser schon lange angesetzten Drückjagd im Oktober.

Beim Aufrufen der Jagdgäste blieb es immer wieder einmal still und der Jagdleiter konnte sich ein heimliches Kopfschütteln nicht verkneifen. So blieben eben einige Stände frei. Dass dies meistens die Besten sein können, ist eigentlich allen bekannt, aber wer weiss schon, wo die Sauen kommen.

Oben links: Die erste Sau zeigt sich am Dickungsrand.

Starke Frischlinge sind der Beweis einer guten Sozialstruktur beim Schwarzwild.

Rauhreif bedeckt ist alles, jeder Farn und Strauch ist mit hauchzarten Frost umsponnen.

Dieses Mal war ich nicht als Schütze, sondern als Wildfotograf mit von der Partie und so konnte ich mir einen der frei bleibenden Stände aussuchen. Natürlich fiel meine Wahl auf einen Stand, von dem ich mir viel versprach und der zusätzlich auch noch ein Dach hatte. Der Regen ging langsam in dicke Schneeflocken über

und ich war froh, meine teuere Fotoausrüstung im Trockenen zu haben.

Die Treiber brauchen recht lange, bis sie endlich einige Sauen auf die Läufe bringen. Doch als die ersten Schüsse fallen, ist es wie immer: kein Busch ist zu dicht und kein Graben zu breit. Die erste Rotte wechselt über den schmalen Weg. Gott sei Dank sind sie nicht so schnell, und ich kann meine ersten Bilder machen. Kurze Zeit darauf erscheint ein Terrier. Kurz verhofft er am Weg, und mit hellem Klang geht die Jagd weiter. Triefend vor Nässe erscheinen zwei Treiber. Als sie merken, dass sie fotografiert werden, verändert sich der Gesichtsausdruck blitzartig zu einem fröhlichen Lachen.

Inzwischen bleibt der Schnee liegen und die daheim gebliebenen Jäger werden sich vielleicht aus Ärger in den Hintern gebissen haben. Von meiner Kanzel aus kann ich sowohl einen Weg, einen schmalen Wiesenstreifen und einen kleinen Graben einsehen, und so bin ich überzeugt, dass einige gute Bilder entstehen werden. Mit der Kamera muß man eben so schnell handeln wie mit einer Waffe und da bin ich als Jäger sicher einigen Fotografen voraus.

Einmal richtig Strecken kann nicht Schaden.

Nächste Seite: Man kann sich gut vorstellen, auf diesem Drückjagdstand Jäger zu sein.

In schneller Flucht überspringen immer wieder einige Schwarzkittel den Graben links neben mir. Mit schnellem Blick erfaßt mein Auge mit dem Foto die flüchtigen Sauen. Ob es dann letztendlich gute Bilder werden, wird man erst morgen sehen, wenn die Filme entwickelt sind. Um so dramatischer die Aufnahmen, um so mehr hofft man, alles richtig gemacht zuhaben. Ich schaue auf meine Uhr: noch eine halbe Stunde bis zum Abblasen der Jagd, einer Jagd die so trostlos begonnen hat und vor allem für mich als Fotograf so einen wunderschönen Verlauf genommen hat – auf meinem „nicht" besetzten Stand.

Sichern im Bestand.

Schwer anzusprechen, vermutlich Bache.

Eine Rotte überfällt den Weg.

Nächste Seite: Strecke legen, eine uralte Tradition.

Nachsuche

Das Schwarzwild ist fraglos unsere härteste und auch unsere aggressivste Wildart. Sie stellt somit die höchsten Anforderungen an die zur Nachsuche eingesetzten Hunde in Bezug auf Fährtenwille und Härte, beziehungsweise Wildschärfe.

Ein erheblicher Anteil – so groß wie bei keiner anderen Schalenwildart – wird entweder bei fragwürdigen Lichtverhältnissen (mehr oder weniger „strahlender" Mond) oder aber in schneller „Bewegung" bei den Bewegungsjagden beschossen. Und dann sitzen die Schüsse eben häufig nicht dort, wo die Jäger sie eigentlich hinhaben wollten.

Sauen quittieren optisch den Erhalt der Kugel ohnehin nicht oder nur selten so klar und eindeutig wie beispielsweise Reh- oder Rotwild. Dafür geben sie recht oft eine akustische Quittung ab, in dem sie im Schuss meist kurz, gelegentlich aber auch länger anhaltend quieken oder klagen.

Auch mit relativ guten Schüssen gehen Sauen oft noch weit, und zwar umso weiter, je höher der Adrenalinspiegel ist. Auch mit einem guten Schuss wird eine bei einer Bewegungsjagd beschossene Sau fast immer noch wegflüchten und selbst saubere Blattschüsse erfordern oft einen zumindest „brauchbaren" Hund, um sie zu finden.

Kein anderes Wild verhitzt so schnell wie das Schwarzwild. Eine an einem heißen Sommerabend beschossene Sau, die die Kugel waidewund bekommen hat, kann man getrost nach der erfolgreichen Nachsuche am nächsten Morgen in die Tierkörperbeseitigungsanstalt bringen. Für den menschlichen Verzehr dürfte sie nicht mehr geeignet sein, so jedenfalls sagt es uns die Wildbprethygiene-Verordnung. Das sollte jedoch nicht zu leichtsinnigen Nach(t)suchen verführen, es sei denn, auf dem Anschuß liegt die halbe Lunge. Schon mancher Jäger hat eine leichtfertige und leichtsinnige Nachsuche in der Dunkelheit mit schweren Verletzungen bezahlt, wenn aus dem 40-kg-

Für den erfahrenen Schweißhund ist Neuschnee auf der Windfährte kein unlösbares Problem.

Gefunden nach langer Riemenarbeit.

Der Bayerische Gebirgsschweißhund mit seinem Führer am Anschuß.

Überläufer in der kurzen Zeitspanne zwischen Schuss und Nachsuche ein 80-kg Keiler wurde. Auch Geschlechtsumwandlungen sind gerade beim Schwarzwild häufig: schon oft wurde aus dem zweifelsfrei klar angesprochenen Keiler in den wenigen Stunden zwischen Schuss und Nachsuche eine Bache!

„Nachsuche“ hat sehr viel mit Tierschutz zu tun. Nur dann, wenn der Anschuß absolut klar und eindeutig ausweist, dass das beschossene Stück mit an Sicherheit grenzender Wahrscheinlichkeit verendet ist, kann man es verantworten, mit einem vielleicht wenig erfahrenen oder von seiner Rassezugehörigkeit sogar

Der Hannoveraner am gefundenen Stück.

ungeeigneten Hund die Nachsuche zu beginnen. In jedem anderen Fall wäre das unverantwortlich, ja sogar tierschutzwidrig.

Gibt der Anschuß wenig her oder sagen uns die Pirschzeichen, dass eine schwierige Nachsuche zu erwarten ist (zum Beispiel, wenn Knochensplitter dort liegen), dann ist der beste und erfahrenste Nachsuchenhund zu holen, den man kriegen kann. Erste Wahl sind immer noch die klassischen Schweißhunde (so sie denn aus seriöser Zucht stammen und in entsprechenden Führerhänden sind), also die Hannoverschen Schweißhunde, die Bayerischen Gebirgsschweißhunde und – mit Einschränkungen, was ihre Spezialisierung auf die Schweißarbeit und weniger was die Anlagen betrifft – die Alpenländischen Dachsbracken. Gewiss, es gibt unter den vielseitig einsetzbaren Jagdhundrassen auch gute Schweißarbeiter, aber sie sind eben seltener – und auf keinen Fall sollte man eine gute Schweißarbeit von einem Hund verlangen, von dem man weiß, dass er häufig bei winterlichen Bewegungsjagden als Stöberhund eingesetzt wird. Gute Stöberhunde sind extrem selten auch gute Schweißarbeiter, die Wege zu diesen beiden Spezialgebieten der Jagd trennen sich früh.

Die erfolgreichen Schweißhundführer sind die eigentlichen „Ritter" der Jagd, ich selbst bewerte ihre Arbeit höher als (fast) alle Ämter im administrativen jagdlichen Bereich und/oder im Bereich der jagdlichen Vereine und Verbände. Ich selbst bin nahezu vierzig Jahre meinen Hannoverschen Schweißhunden durch ungezählte Dickungen und Schwarzdornverhaue viele hundert Male den Fährten kranker Sauen gefolgt und glaube, das beurteilen und diese Feststellung auch berechtigt treffen zu können.

Die Hannoversche Schweißhündin Afra vom Mayener Hinterwald – im Herbst 2001 mit dreizehn Jahren verstorben. Diese HS-Hündin brachte unter erschwerten Umständen 234 Stücke Hochwild (davon 114 nach Hetzen) zur Strecke.

Nächste Seite: Goldener Oktober im Schwarzwildrevier.

**Die Sonne geht unter –
kommen heute die Sauen?**

Wildschaden durch Schwarzwild

Unsere lieben Sauen sind nicht immer ein ungetrübter Quell jagdlicher Freuden, sie können auch – je nach Revierstruktur – die Kontenbewegungen des Jagdausübungsberechtigten in die falsche (weil negative) Richtung sehr beeinflussen.

Da sind zum ersten die Wiesenschäden, deren Reparatur sehr ins Geld gehen kann. Besonders in Zeiten starker Mast – insbesondere bei der Eiche – brauchen die Sauen nach reichlicher Eichelaufnahme tierisches Eiweiß und dieses holen sie sich in Form von Würmern und Engerlingen auf den Wiesen unserer ohnehin gebeutelten Landwirte. Und sie wissen auch genau, wo sie das meiste tierische Eiweiß finden: unter den Kuhfladen, die sie zielgenau anpeilen. Also auch hier: das Attribut „dummes Schwein" liegt als Synonym für die Beschreibung des geistigen Horizontes eines Mitmenschen völlig daneben.

Kartoffeln und Rüben (insbesondere Zuckerrüben) erfreuen sich als Nahrungsergänzung bei den Sauen großer Beliebtheit. Und dann das milchende Getreide: wo Weizen und Hafer angebaut und schwarzwildbeherbergende Wälder nicht weit sind, werden sich die Sauen gewiss nicht lange bitten lassen. Und dann der Mais, dessen Anbaufläche zumindest in manchen Regionen immer noch zunimmt. Wenn sich eine große Rotte in einem riesigen Maisschlag sozusagen häuslich eingerichtet hat und dort nicht nur frisst, sondern auch noch schläft (also bei dem jeweiligen Bauern in Kost und Logis ist), dann wird es so richtig teuer und schon mancher Jagdpächter hat entnervt nach Auflösung seiner Sparkonten das Handtuch geworfen. Wer in Reviernähe wohnt oder einen zuverlässigen Mann vor Ort hat, der kann sich mit Elektrozäunen helfen. Sind diese richtig angebracht und wird deren Funktion in

Nur stundenlanges Warten sichert den Erfolg.

Obwohl man Wiesen überhaupt nicht pflügen muß, tun es die Sauen aus Leidenschaft. In einer Nacht kann eine Rotte Sauen eine Wiese so herrichten, dass sie einem Feld gleich sieht.

Wildschaden im Weizen. Wildschaden in Feldfluren sind unangenehme Überraschungen für den Jagdpächter, meist kosten sie viel Geld.

Das Wildschwein ist im Wald sehr nützlich, auf den Feldern sieht dies natürlich ganz anders aus. Kommen die Feldfrüchte wie Hafer, Weizen oder gar Mais in die Milchreife, fragen die Sauen sicher nicht, wem das gehört, und machen sich darüber her. Zurück bleibt meist eine unüberschaubare „Sauerei", für die letztendlich der Jagdpächter aufkommen muß.

Schutzmassnahmen: Elektrozaun ist wohl das Sicherste

kurzen Abständen überprüft, können sie das schlimmste verhindern. Es ist allerdings auch schon vorgekommen, dass der Elektrozaun zu spät installiert wurde und man die Sauen regelrecht eingesperrt hat.

Maisjagden sind in vielen Revieren zwingende Notwendigkeit, nur leider entspricht deren Ergebnis, also die Strecke, nur in den seltensten Fällen den wildbiologischen Forderungen und auch denen des richtig verstandenen Tierschutzes. Im dichten Mais werden die Rotten auseinander gejagt und die Bachen verlassen oft ohne ihre noch im Mais umher irrenden Frischlinge das umstellte Feld und werden erlegt. Da dies im Juli und August passiert, ist der Verlust der Mutter für die Frischlinge dramatisch. Kleine „Frösche" werden oft von den Hunden gegriffen und abgetan und auch das ist kein Ruhmesblatt für uns Jäger und tangiert klar das Hetzjagdverbot. Werden dann auch noch Hunde in den Mais geschickt, denen jede Erfahrung mit der Wildart „Schwarzwild" fehlt, dann sind Verletzungen solcher Hunde durch stärkere Sauen und gelegentlich auch deren Tod vorprogrammiert.

Ich weiß, dass wir ohne solche Maisjagden kaum zurecht kommen werden. Wenn sie aber sein müssen, dann sollten nur Frischlinge freigegeben und nur Hunde mit ausreichender Schwarzwilderfahrung dabei eingesetzt werden. Und wenn man sicher ist, dass man alle Sauen aus dem Mais hinaus komplimentiert hat, dann sollte man dieses Maisfeld elektrisch gegen weiteren Besuch absichern. Wer das nicht macht und sich darauf freut, in ein paar Tagen dort nochmals jagen (und vielleicht noch ein paar Bachen auf die Strecke legen) zu können, der hat meine Sympathie jedenfalls nicht. Sie meinen, das wäre nicht so? Dann fahren Sie bitte mal nach solchen Maisjagden in eine Wildannahmestelle (die ja in allen Schweinepestgebieten installiert sind) und schauen Sie sich die erlegten Sauen an!

Nächste Seite: Etwas spät nach „Hause".

Ob der Überläufer austritt?

Natürlich ist es ein Spagat, den wir Jäger da machen müssen: da sind die lamentierenden Landwirte, die – zu Recht – die explodierenden Schwarzwildbestände beklagen und von den Jägern alle Anstrengungen zur Reduktion der Sauen verlangen. Und dem stehen die bei den meisten Jägern – Gott sei Dank immer noch – tief verwurzelten Vorstellungen von waidgerechter und damit tierschutzgerechter Bejagung auch dieser Wildart gegenüber.

Gelegentlich haben auch die Landwirte eine Mitschuld an den Schäden auf ihren Feldern. Da wird der Mais bis unter den Trauf des angrenzenden Waldes ausgebracht und der Jäger hat nicht die geringste Chance, eine vom Wald in den Mais wechselnde Sau zu beschießen. Oder die Bitten des Jägers, doch eine Schneise in den Mais anlegen zu dürfen im Interesse einer effektiven Wildschadensabwehr werden abschlägig beschieden. Vielleicht ist doch etwas daran, wenn gelegentlich vermutet wird, dass bei manchen Landwirten der erstgeborene Sohn den Hof und der zweitgeborene den Wildschaden erbt.

Die Jagd bei Mondschein im wildschadensgefährdeten Feld ist für sehr viele Reviere eine zwingende Notwendigkeit. Leider passieren hierbei auch viele „Druckfehler", weil der Jäger beispielsweise die noch kleinen Frischlinge im Getreide nicht sieht und nur das beschießen kann, was aus den Feldfrüchten oben herausschaut. Mancher Fehlabschuss ließe sich aber vermeiden, wenn der Jäger genau hinhören würde, bevor er den Abzug seiner Büchse betätigt. Frischlinge machen eigentlich immer einen unverwechselbaren Lärm, sie quietschen schon mal in sehr heller Tonlage. Dann sollten bei jedem Jäger die Alarmglocken läuten. Kommt eine Rotte aus nahezu gleichstarken Sauen angewechselt und sind keine Frischlinge zu sehen und/oder zu hören, dann handelt es sich vermutlich um eine Überläuferkeiler-Rotte und hierbei geht der Jäger das geringste Risiko eines Fehlabschusses ein.

Es wird bei allen Jägerkursen gelehrt, dass die Sauen zwar im Feld jede Menge Schaden, dafür aber im Wald ebenso viel Nutzen anrichten. Das ist sicher generell so, aber auch hier gibt es Ausnahmen. In meinem früheren Revier hatten wir einmal unter aufgelichtete ältere Douglasien Buchen gepflanzt, die wir aus einer kommerziellen Baumschule bezogen hatten. Offenbar waren diese sehr stark gedüngt worden, denn nach wenigen Tagen hatten die Sauen Reihe für Reihe diese Buchen ausgegraben und die Wurzeln bis zum Wurzelhals ab- beziehungsweise aufgefressen. Totalschaden!

Das normale „Grubbern" der Sauen dort, wo bei Vollmasten sozusagen massenhaft Eicheln oder Bucheckern liegen, ist hingegen eine sehr „nützliche" Arbeit (wobei ich mich innerlich immer dagegen sträube, das Ernährungsverhalten unserer Wildtiere in „nützlich" und „schädlich" einzuteilen). Ein Teil der Eicheln oder Bucheckern wird beim Brechen eben nicht aufgenommen, sondern mit Laub und eventuell sogar Humuserde abgedeckt, was deren Chance zum „Auflaufen" deutlich verbessert.

Bei nur geringen „Sprengmasten" der Eichen und Buchen kann die Aufnahme dieser Waldfrüchte durch die Sauen dann unangenehm sein, wenn man als Forstmann eine solche geringe Mast für die Naturverjüngung nutzen möchte. Dann hilft eben nur ein Holz-Hordengatter, das für ein paar Monate die Sauen abhält und das Auflaufen der Verjüngung sichert.

Eine Pirsch an einem Herbstmorgen, wenn die Eicheln und Bucheckern fallen, durch die Althölzer ist eine sehr reizvolle und auch effektive Jagdart, die ich sehr gerne ausübe. Meist sind die Sauen so sehr

Der Tag kommt, die Sauen gehen.

beschäftigt, dass man – guten Wind vorausgesetzt – nahe heran kommt und sehr gut und genau ansprechen und schießen kann. Die Hälfte meiner persönlichen Schwarzwildstrecke der letzten Jahre waren Ergebnisse solcher Frühpirschen.

Nächste Seite: Verzauberte Augenblicke im Feld.

Sauen und andere

Vildarten

In der heissen Sommersonne trifft man die Sauen häufig an den Suhlen.

Fliegenpilze, man kann sie einfach nicht übersehen.

In den Jahren meiner Arbeit als Wildfotograf mit den Sauen konnte natürlich das Verhalten des Schwarzwildes zu anderen Wildarten gut beobachtet werden. Die meisten meiner Bilder sind in einem großen Gatterrevier entstanden, in dem auch Rehwild vorkommt.

Es gehört zur Natur des Rehwildes, dass es den Sauen aus dem Weg geht, denn als Allesfresser nimmt das Schwarzwild gerne Wildfleisch und nicht nur Fallwild. Gelegentlich werden auch Rehkitze und Junghasen erbeutet.

Ein Erlebnis, von dem ich bereits berichtet habe, ist das Zustehen einer Bache auf den Kitzfiep. Der Fuchs kann nicht zu den Feinden des Schwarzwildes gezählt werden, denn die Bachen wissen sehr wohl, wie sie ihre

Nächste Seite: Rehe sind immer sehr aufmerksam, wenn Schwarzwild in der Nähe ist.

In der „Mastzeit“ findet man die
Sauen gerne unter den Eichen.

Frischlinge verteidigen. Er geht den Sauen aus dem Weg. Dass Rehe Sauen aus dem Weg gehen, ist bekannt.

Ich konnte immer wieder beobachten, dass die Aktivitäten der Rehe sofort nachlassen, wenn Sauen aus den Dickungen auftauchen. Da im Gatterrevier die Sauen tagaktiv sind, was der Natur dieser Wildart eigentlich entspricht, herrscht hier ein geordnetes nebeneinander. Angriffe auf Rehwild (von Sauen) habe ich nie erlebt. Nicht selten befinden sich Rehe im gleichen Einstandsgebiet wie die Sauen. Natürlich hört man ab und zu anhaltendes Schrecken, wenn sich Reh und Sau zu nahe kommen.

Für letztere oft negativ ist das Zusammenleben der Sauen mit Bodenbrütern. In einem von mir mitbejagten Revier im Schwarzwald, in dem Auerwild vorkommt, steht der Abschuss des Schwarzwildes im Vordergrund. Bei günstigen Biotopen und weniger Beunruhigungen wäre sicher ein Leben nebeneinander möglich, doch dieses ist leider nicht mehr gegeben. Interessanterweise konnte ich beobachten, daß sich Schnepfen gerne auf Kirrplätzen niederlassen, wenn die Sauen den Fraß beendet haben.

Der Waldkauz kündet mit seinem nächtlichen Ruf das Anwechseln der Sau an.

Auch Sauen kann der Schnee
zur Last werden.

Das Nebeneinander von Rotwild und Schwarzwild kenne ich aus großen Revieren Osteuropas. Wie man weiß, gibt es damit keine Probleme. Einstände und Äsungsplätze werden oft zusammen genutzt und nur das Kräfteverhältnis ist ausschlaggebend, wer sich wo aufhalten darf. Ähnlich verhält es sich mit Dam- und Muffelwild. Ein Leben dieser Wildarten nebeneinander ist in freier Natur sowie auch in großen Jagdgattern ohne gegenseitigen störenden Einfluss.

Ein Fuchs überquert den Weg.

Der Schnee kann viel erzählen nach einer Winternacht.

Kurz vor der Rauschzeit.

Von Rausch

zeit...

Wir verwenden im täglichen Leben unentwegt Begriffe, deren Entstehung oder deren Wort-Ursprung wir nicht kennen. Ich gebe freimütig zu, mir geht es so mit dem Begriff „Rauschzeit“. Das Jagdlexikon sagt dazu lapidar: Die Paarungszeit beim Schwarzwild. Nun, dies hätte ich auch ohne Jagd-Lexikon gewusst, also mal beim „Schwarzwild“ nachgeschaut. Aber auch dort finde ich keine Erklärung, nur eben, dass in der „Rauschzeit“ die Bachen rauschig werden. Ach ja, da steht ja auch noch Dietrich Gutt's „Die Waidmannssprache“ in meinem Bücherschrank. Aber auch darin nur die lapidare Erklärung: rauschen: Schwarzwild begattet sich.

Das war's mit der Suche nach dem Ursprung des Wortes „Rauschzeit“. Mehr gab die Literatur nicht her. Vielleicht ist der gesuchte Wortursprung ja auch in

Hier wird markiert.

Der Kleine wird geduldet.

Auch auf der Bache wird markiert.

Wieder meint er mich.

Wo immer nur möglich setzt
der Keiler Schaum im Revier.

Im Lager überrascht.

einem alten Volkslied zu suchen, in dem es heißt „ich hört ein Bächlein rauschen". Was aber machen dann stärkere Bachen und welche Geräusche sind bei diesen zu hören?

Ich kann also hier nicht mit einer seriösen sprachkundlichen Erklärung dieses Wortes dienen und muss den geneigten Leser in seinem Grübeln über den Wortursprung alleine lassen. Wichtig ist ja, dass wir alle wissen, was mit „Rauschzeit" gemeint ist.

Von den durch Fütterungsexzesse und Störungen in den sozialen Strukturen unserer Schwarzwildpopulatio-

Vor der Rauschzeit – feist und rund.

... ich überraschte ihn im Lager.

nen ausgelösten „unzeitgemäßen" Rauschzeiten einmal abgesehen, findet diese überwiegend in den Monaten November bis Januar statt. In dieser Zeit sind die Keiler sehr aktiv und zeigen sich auch schon mal über Tag, als gäbe es auf dieser Erde kein Pulver und kein Blei und als hätte ein wirklich alter Keiler nicht schon seine ganz persönlichen negativen Erfahrungen mit der hellen Tageszeit und den Jägern gemacht. Aber die Liebe lässt alle Vorsicht vergessen, und das ist ja (gelegentlich bis häufig, je nach individuellem Testosteronspiegel) auch bei manchen männlichen Vertretern der Gattung homo sapiens zu beobachten.

Hier war ich beinahe zu nah.

Ich saß einmal an einem kalten Wintermorgen auf Kahlwild an, als eine starke gemischte Rotte Sauen recht schnell – als sei sie irgendwo gestört worden – vor mir über die Schneise in die angrenzende Dickung wechselte. Zum Schuss hatte die Zeit nicht gereicht. Also den Mannlicher wieder gesichert und in die Kanzelecke gestellt. Nach einer guten Viertelstunde – ich war bereits dabei, den Verlockungen frischer Brötchen und einer guten Tasse Kaffe zu erliegen – kam ein wirklich starker Keiler mit Schaum vor und im Gebrech auf der Rottenfährte angezogen. Die nur etwa 15 Meter breite Schneise war nicht breit genug. Ehe ich ihn im

Dies bedeutet: Keinen Schritt weiter!

Zielfernrohr hätte anvisieren können, hatte ihn die Dickung bereits verschluckt. Dann aber ging dort ein lautstarkes Spektakel los. Offenbar war bei der Rotte bereits ein Keiler dabei und diesem machte der Nachzügler nun die Erfüllung seiner biologischen Pflicht streitig. Ich saß noch sehr lange und hatte die frischen Brötchen und den Kaffe längst verdrängt, immer in der Hoffnung, der bei dieser Streiterei unterlegene und abgeschlagene Keiler würde vielleicht wieder auf der Rottenfährte rückwärts ziehen und dabei die von mir bewachte Schneise kreuzen. Es war ein vergebliches Warten, die Kampfgeräusche ebbten ab und „man" begab sich zur Ruhe und ich nach Hause.

Es wird gekaut, bis dicker Schaum entsteht.

Herbstlicher Waldzauber.

Der Schaum jeden Keilers ist seine Visitenkarte.

Im Rauhreif.

Er markiert nach einem Kampf, rot ist sein Gebrech.

Der Schaum sagt mehr als Worte.

Das ist ernst gemeint: Keiler untereinander. Ich bin mitten in der Rotte.

Wenn der „Schwarze“ erscheint, machen andere einen Rückzug.

Es war im Jahre 1783, als ein Jäger an diesem Platz von Wilderern bedrängt wurde – so steht es in der Inschrift. Er konnte sich an dieser Stelle verstecken und schwor, wenn er aus dieser Situation mit dem Leben davon komme, aus Dankbarkeit diesen Bildstock zu errichten. So entstand das Bildstöckle im Oberwald. Heute noch, vor allem wenn es verschneit ist, eine bleibende Erinnerung an vergangene Zeit.

Sauen gehen dick

Hast und Betriebsamkeit im Schwarzwildrevier sind vorüber, die Rauschzeit vorbei. Vorbei ist auch das Hopp – Hopp der Treiber und das Geläut der Hunde, es ist „Hahn in Ruh". Mancher Jäger wird noch viel zu erzählen haben von den verschneiten Jagdtagen auf Sauen. Doch dieses gehört jetzt der Vergangenheit an. Die Tage werden länger und die wärmende Februarsonne tut nicht nur uns Menschen gut.

Ich kenne genug Dickungen, wo ich sicher weiß, daß Sauen darin stecken. Der Schnee hat sich an diesem Nachmittag zu einer matschigen Masse verwandelt und der junge Fichtenwald dampft von der Nässe des geschmolzenen Schnees. Langsam pirsche ich durchs Altholz, versuche immer den großen Schneeflecken auszuweichen, um vorbei an einigen kleinen Sturmflächen an die Jungkultur zu kommen. Vor mir ist ein kleiner Hang, so dass, wenn ich den Sauen begegnen sollte, ich sicher zu einigen guten Bildern komme.

Die Sauen gehen jetzt dick, vor allem die alten Bachen werden bald frischen. Wie oft habe ich Ende Februar Sauen im Setzkessel schon angetroffen. Mit diesen Gedanken pirsche ich Schritt für Schritt vorwärts.

Plötzlich sehe ich Äste hin und her wanken: Sauen. Langsam schiebt sich eine dicke Bache an dem

Der Frischling bringt trockenes
Gras zum Tageskessel.

Oben rechts: Der Vertraute.
Mitte rechts: Der junge Wilde.
Unten rechts. Der Winterwald.

Dickungsrand in die Sonne, tut sich nieder und geniesst regelrecht die wärmenden Strahlen. Vorsichtig richte ich mich für einen längeren Ansitz ein, denn bevor die Sonne nicht hinter den hohen Bäumen verschwindet, werden es auch die Sauen nicht tun.

Es entsteht Bild um Bild. Die Bache fühlt sich sichtlich ungestört und die Wärme trägt noch dazu bei, sich nicht aus der Ruhe bringen zu lassen. Ich kann Kamera und Objektive wechseln, ohne dass die Bache auch nur das Haupt erhebt. Zwei Stunden Spannung sind schnell vergangen, die Schatten von den hohen Weißtannen werden länger und vertreiben die ruhenden Sauen. Auch für mich wird es langsam Zeit zu gehen, der nasse Schnee hat auch vor der dicken Lodenhose nicht halt gemacht. Ich bin nass bis auf die Knochen.

Wenn man immer wieder auf solche Begegnungen gewartet hat, fühlt man, was solche Augenblicke eigent-

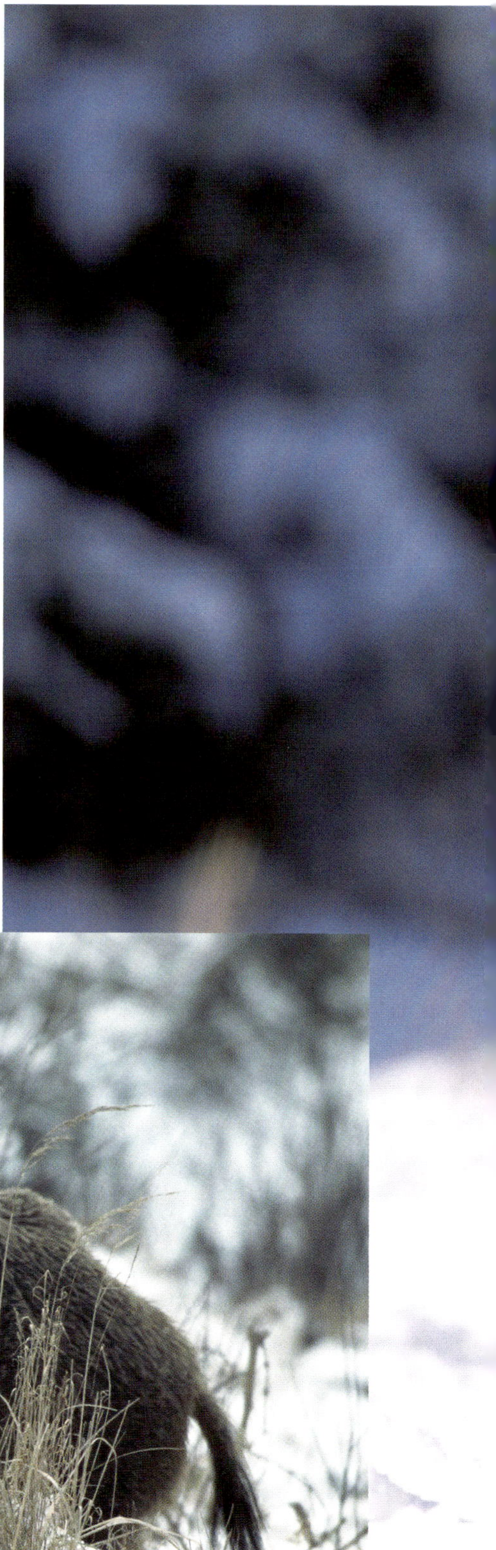

Misstrauisch sichert der Keiler zu mir.

Mehrmals erscheinen Sauen unmittelbar vor meinem Versteck.

Bache – schlechter Wind.

lich bedeuten. Zu meinem Leben in der Natur gehören auch diese ruhigen Tage im Schwarzwildrevier, die Zeit der „dicken Sauen". Lange wird es nicht mehr dauern, bis neues Leben in den Wald einzieht.

Ich kenne als Naturfotograf eigentlich keinen Monat im Jahr, den ich nicht im Wald verbringe. Mein Enkelsohn Domenic wurde einmal gefragt: Wo ist denn dein Opa? Ohne zu zögern antwortete er: „Ja, mein Opa, der lebt im Wald."

So ist das eben, man erlebt den Winter, fotografiert und jagt, man wartet auf das Frühjahr, freut sich über den Sommer, und genießt den Herbst mit den Stimmen der Hirsche. Daheim kriecht man dann oft durchfroren und müde ins wärmende Bett und ist auch manchmal froh, wenn ein Regentag die Frühpirsch vermasselt.

So kann ein Jahr schnell vergehen. Manchmal zu schnell. Man lebt mit den Paarungs- und Setzzeiten des Wildes und merkt dabei gar nicht, dass man wieder ein Jahr älter geworden ist.

Leise rieselt der Schnee – Sauwetter!

Winterstimmung im Schwarzwildrevier.

Der Winter-
keiler.

Auf dem Weg zur Kirrung.

Aufmerksam sind sie immer.

Die starke Bache behauptet sich an einem Stück Fallwild (Reh).

Dick gehende Bache in der Wintersonne... Die Wärme tut gut.

Sau im Kessel – vermutlich ein Keiler.

Starke Winterrotte im Abendlicht.

Frischlinge

Die Zahl der Frischlinge, die eine Bache normalerweise im Wurfkessel liegen hat, schwankt sehr. Sie hängt vom Alter der Bache und sicher auch von ihrem Ernährungszustand ab. Und wie viele sie davon groß bekommt, dafür ist das Wetter in den ersten Lebenswochen entscheidend. Nasskaltes Wetter kann dazu führen, dass ein beträchtlicher Teil der Frischlinge an Unterkühlung eingehen und in Schweinepestgebieten sind gerade die Frischlinge der virus-anfälligste Teil der Population und hier stirbt oft der gesamte Wurf, wenn sich nur ein einziger Frosch infiziert hat.

In der „Qualität" der Wurfkessel sind die Bachen ebenso unterschiedlich wie die Menschen. Polstern die einen den Wurfkessel dick mit Gras, trockenem Farn und anderem aus, werfen andere Bachen ihre Frischlinge auf den nackten Boden unter einer aus dem letzten Holzeinschlag liegen gebliebenen Fichtenkrone. Natürlich werden auch solche Umstände einen gewissen Einfluss auf das Überleben der Frischlinge bei ungünstigen Witterungsperioden in den ersten Wochen haben.

Hat eine Bache ihren Wurf durch solche witterungs- oder krankheitsbedingten Widrigkeiten verloren, so wird sie in der Regel nachrauschen und einen zweiten Wurf bringen. Bei den nicht selten zu beobachtenden sehr kleinen und noch gestreiften Frischlingen im Spät-

Im Frischlingskessel scheint diese Bache verborgen zu sein.

Die Bache lässt keinen Schritt weiter mehr zu.

Rechts: Im Wurfkessel. An Frischlings- oder Setzkesseln zu fotografieren, ist immer mit einem komischen Gefühl verbunden. Angreifende Bachen brachten mich schon mehrmals in unangenehme Situationen.

Frischlingsbache mit säugenden Kleinen.

Ein „Sauhaufen“. Dicht gedrängt suchen die Frischlinge die Wärme ihrer Geschwister.

sommer oder gar im Frühherbst handelt es sich in aller Regel um solche Zweitwürfe.

Gelegentlich beobachten wir auch sogenannte zweistöckige Frischlingsrotten, also Bachen, die eindeutig verschieden alte Frischlinge führen. Es kommt also auch – wenn auch nicht allzu häufig – vor, dass Bachen auch dann nachrauschen, wenn sie ihren ersten Wurf nicht verloren haben. Unsere lieben Sauen sind halt sehr vermehrungsfreudig und das schafft uns ja die Probleme, die wir heute landauf, landab haben.

Die Vermehrungsrate liegt nach Angaben aus der einschlägigen wissenschaftlichen Literatur zwischen einhundert und zweihundert Prozent des Grundbestandes vor dem Frischen der Bachen. Um ein Anwachsen der Schwarzwildpopulation in einer Region zu verhindern, müssten es die Jäger schaffen, siebzig bis achtzig Prozent der Frischlinge in deren erstem Lebensjahr zu erlegen. Das ist aber nur zu erreichen, wenn auch bereits dann Frischlinge geschossen werden, wenn sie

Frischlingsbachen kommen immer häufiger vor.

Die ersten Frischlinge: Führt eine Bache ihre Frischlinge das erste Mal aus dem Kessel, hat alles Vertrauen, das man sich mit den Sauen geschaffen hat, ein Ende. Nur ganz langsames Annähern zur Rotte und viel Geduld schaffen wieder eine neue Gemeinschaft.

noch winzig klein, gestreift und nahezu unverwertbar sind. Mancherorts werden dafür „Herodesprämien" gezahlt, um die Bereitschaft der Jäger zu steigern, die innere Hemmschwelle zu überwinden und auch solche „Kartoffelkäfer" zu erlegen, wenn sich eine Gelegenheit dazu bietet. Auch Frischlingsfallen, in denen Frischlinge lebend gefangen und danach getötet werden, können ein probates Mittel sein, einen möglichst hohen Anteil des unter einem Jahr alten Zuwachses der Wildbahn zu entnehmen.

Ich gebe zu, dass ich mit beiden Varianten der Frischlingsreduktion beträchtliche mentale Probleme habe. Es ist meine ganz persönliche Meinung, dass es besser

Frischlingskessel liegen meist in sonnigen Dickungen.

Die Leitbache hat gefrischt.

Frischlinge an der Quelle des Lebens. Die alte Leitbache legt sich zur Seite.

Gute Bache mit dickem Gesäuge.

Starke Bachen führen frühzeitig im Jahr Frischlinge – gute Herbst und Winterjagden.

Immer mehr Bachen ziehen mit ihren Frischlingen wieder zur Rotte.

Neues Leben im Schwarzwildrevier.

Die ersten selbständigen Ausflüge.

wäre, die Sauen nicht mehr durch Körnermais („gelbes Viagra") an ungezählten Kirrungen in einen Zustand extremer sexueller Fitness hinein zu füttern, den Mais also konsequent aus dem Wald zu verbannen. Dann fiele zumindest der Grund für die extrem hohen Schwarzwildbestände weg, den wir Jäger zu verantworten haben.

Schöne Augenblicke eines
Wildfotografen.

Meist unter ausladenden Fichten im Altholz ruhen die Bachen mit ihren Frischlingen.

Frischlinge und Überläufer scharf bejagen – weniger Frischlinge zu Unzeiten.

Fällt im März/April noch einmal Schnee, wird es für die frühen Frischlinge eng.

Sicher sind Frischlinge im Bestand.

In der Sonne am Dickungsrand. Mit dieser Rotte kann ich schlafen.

Überläufer

Überläufer sind Wildschweine im zweiten Lebensjahr. In normal und sozial richtig strukturierten Rotten erblicken die meisten Frischlinge in den Monaten Januar bis April das Licht dieser nicht mehr ganz so schönen Welt. Gehen wir von dieser Normalsituation aus, dann werden diese Frischlinge am 1. April des auf die Geburt folgendes Jahres zu Überläufern befördert. In den folgenden Monaten (auch eventuell schon früher, wenn durch optimale Lebensbedingungen die Frischlinge bereits mit sechs oder acht Monaten geschlechtsreif werden) trennen sich die Geschlechter, was heißt, dass die männlichen Überläufer die Rotte verlassen und nur die weiblichen Tiere in der Mutterrotte verbleiben.

Die Überläuferkeiler müssen sich erst noch daran gewöhnen, dass sie nun sozusagen auf ihre eigenen Läufe gestellt und auch für ihre Sicherheit selbst verantwortlich sind. Das dauert eine Weile und so treffen wir solche Halbstarken-Rotten oft am hellen Tage im offenen Bestand beim Brechen an, so als gäbe es auf dieser Erde weder Jäger noch Gewehre und Patronen. Nichts ist leichter als im Sommer „seine" Überläufer drastisch zu reduzieren und hier liegt auch die Ursache dafür, dass es so wenig wirklich alte Keiler in unseren Schwarzwildpopulationen gibt. Wer als Jugendlicher stirbt, kann nicht mehr ins Rentenalter kommen, das ist nun einmal so. In den Schweinepestgebieten muss auch

Die Begegnungen mit dem Schwarzwild gehören zu den Höhepunkten in meiner Zeit als Wildfotograf.

Im Kessel.

Überläuferkeiler.

Überläuferbache!

jeder erreichbare Überläufer geschossen werden, das ist keine Frage. Aber wenn es uns denn eines Tages gelungen sein sollte, die Schwarzwildbestände auf ein tolerables Niveau heruntergeschossen zu haben, dann sollten wir auch wieder eine vernünftige, wildbiologisch richtig zusammengesetzte Populationsstruktur anstreben. Und dazu gehört, dass einige Überläuferkeiler die Chance erhalten müssen, ins Reifealter „durchwachsen" zu können, beziehungsweise zu dürfen.

Die weiblichen Tiere, die Überläuferbachen also, verbleiben nach meinen Beobachtungen überwiegend in den Rotten, in die hinein sie gefrischt worden waren. Werden diese Rotten zu groß (was vom Fraßangebot und verfügbarem Lebensraum abhängt), dann teilen sie sich. Es kommt jedoch auch gar nicht so selten vor, dass bereits Überläuferbachen mit ihrem ersten Nachwuchs aus dem strengen Matriarchat ihrer Rotte ausbrechen und alleine weiterziehen. Jedenfalls ist der häufige Anblick einzeln ziehender, geringer Überläuferbachen mit ihrem Nachwuchs kaum anders zu erklären.

An der Kirrung.

Es gibt einen jungen Keiler im Revier, der mich überhaupt nicht leiden kann. Treffe ich mit ihm irgendwo zusammen, bleibt er immer der Stärkere. Erfreulicherweise lässt er meine Kamera in Ruhe, wenn ich alles stehen lassen muss und mein Heil auf einem Hochsitz oder im Auto suche. Erst markiert er, dann vertreibt er mich. Er weiss, dass er mir in allen Lagen überlegen ist.

Wenn der Wind verrückt spielt, werde ich oft zu früh entdeckt.

Gegen Ende ihrer „Jugendzeit“ als Überläufer (meist im Alter von ungefähr zwanzig Monaten) trennen sich auch die Keilerchen und leben ab da als Solisten, wenn man von ihren kurzen Besuchen bei rauschigen Bachen einmal absieht.

Ob ein Überläufer tatsächlich zwischen zwölf und vierundzwanzig Monaten alt ist, das zeigt uns nur ein Blick in sein Gebrech, also wenn er bereits tot ist. Auf die Waage ist da kein Verlass. Ich habe schon einwandfreie Überläufer erlegt, die weniger als dreißig Kilogramm auf die Waage brachten und ein von mir in Ungarn erlegter „Keiler“ brachte es auf einhundertzwei Kilo. Leider war dieser Keiler, wie sein Zahnwechsel auswies, mit Sicherheit jünger als vierundzwanzig Monate und daher ein Überläufer. Es war also nichts mit den erhofften starken Gewehren!

Schnelle Sauen brauchen schnelle Schützen – auch mit der Kamera!

Jetzt ist Notzeit.

Dort, wo das Schwarzwild reduziert werden muss, müssen auch Überläuferbachen erlegt werden, wenn die von ihnen geführten Frischlinge nicht mehr abhängig sind. Man kann dann eine Bache bedenkenlos erlegen, wenn ihre Frischlinge mindestens fünfzehn Kilogramm wiegen und komplett durchgefärbt sind (also keine Frischlingsstreifen mehr haben).

Überläufer – abgerauscht bis auf die Knochen.

Nächste Seite, oben: Wasser ist auch im Winter ein sehr wichtiges Element für die Sauen. Mitte/unten: Kein Zweifel – Überläuferkeiler. Grosses Bild: Überläufer oder Frischling?

Bachen

Wie im „richtigen Leben" bestimmt auch beim Schwarzwild der weibliche Teil der Population die Entwicklung und die soziale Struktur. In den Rotten herrscht ein strenges Matriarchat. Trifft man auf eine Rotte, bestehend aus Bachen aller Altersklassen mit den zugehörigen Frischlingen, so kann man sicher davon ausgehen, dass alle Rottenmitglieder untereinander verwandt sind.

„Familienoberhaupt" ist in aller Regel die älteste Bache, um sie herum scharen sich ihre Töchter und Enkelinnen und deren Nachwuchs. Ob eine Rottenstruktur in Ordnung ist, kann man daran erkennen, ob die Frischlinge weitgehend eine Stärke haben, also in etwa gleich alt sind. Das liegt daran, dass es die Natur so eingerichtet hat, dass das ungefähr zeitgleiche Rauschen aller Bachen einer Familienrotte von der Leitbache bestimmt wird. Folglich frischen auch alle Bachen in einem engen zeitlichen Rahmen. Das ist auch der Grund, warum die Leitbache auch aus populationsdynamischen Gründen so ungeheuer wichtig ist. Sie muss immer absolut „tabu" sein.

Wird eine solche Leitbache erlegt, dann bricht die Rottenstruktur auseinander mit der Folge, dass es kein synchrones Rauchen der zu dieser Rotte gehörenden Bachen mehr geben wird. In solchen desolaten Strukturen erleben wir es dann, dass rund ums Jahr gerauscht und gefrischt wird. Und da unsere milden Winter,

Mit dieser Rotte konnte ich die meisten meiner Bilder machen. War ich längere Zeit nicht im Revier, musste ich mit dem Berufsjäger zusammen neues Vertrauen bei den Sauen aufbauen.

verbunden mit der „Sozialhilfe für Sauen“ (Mais) durch die Jäger rund ums Jahr, fast jeden noch so schwachen Frischling am Leben erhalten und nicht etwa herausselektieren, wird das Ganze dann zwangsläufig zu einem Schweine-Chaos.

„Meine“ Rotte im Gebrec

Wenn wir eine Rotte sehen, in der sehr verschieden große Frischlinge vorhanden sind, dann können wir sicher sagen, dass hier die dominante Leitbache fehlt.

Der Aktionsradius einer intakten, von einer alten, erfahrenen Leitbache geführten Rotte ist übrigens sehr viel kleiner, als wir es oft unterstellen. Telemetrische Untersuchungen haben uns das bewiesen. Meist werden des nachts zwei oder drei Kirrungen aufgesucht und dann begibt „man“ sich gesättigt wieder zur Ruhe in einem der Stammkessel. Nur in Jahren mit starker Eichelmast, wenn der Mais seine Anziehungskraft kurzzeitig verloren hat, verlaufen die Wechsel anders, nämlich von einem Alteichenbestand zum nächsten. Und auch dann, wenn „draußen“ milchender Hafer oder Weizen lockt, verändern sich die nächtlichen Wege der Rotten.

„Gang“ in den Ma

Bei den herbst-/winterlichen Bewegungsjagden wollen und müssen wir Strecke machen und es ist dazu notwendig, dass die Rotten gesprengt werden, damit eine möglichst große Zahl Jäger möglichst viele Sauen erlegen kann. Das wird durch die derzeitige Populationshöhe geradezu erzwungen. Umso wichtiger ist es, dass eine klare Gewichtsbegrenzung vorgegeben und auch eingehalten wird. Bei 40 bis maximal 50 Kilogramm Gewicht muss Schluss sein, was darüber liegt, darf nicht geschossen werden. Es bleiben für die Erlegung immer noch die Frischlinge und die Überläufer und je mehr Überläuferbachen die Strecke bereichern, umso geringer wird der Zuwachs im kommenden Jahr ausfallen.

Nach dem Suhl

Trockengras äsende Bache in der Heuwiese.

Typische Bachengesichter.

Bache mit starken Herbstfrischlingen.

Natürlich müssen auch Bachen tabu sein, die noch erkennbar abhängige Frischlinge führen. Solche sollte es eigentlich in den Monaten Oktober bis Dezember gar nicht geben, aber bei bereits zerschossenen Sozialstrukturen müssen wir immer damit rechnen.

Ich erlegte einmal bei einer Bewegungsjagd an einem 1. Dezember einen Frischling mit einem Gewicht von unter 30 Kilogramm, der mich alleine anwechselte. Nach Ende der Jagd ging ich zu ihm hin, um ihn aufzubrechen – und es war eine führende Bache mit milchenden Zitzen. Mich traf fast der Schlag. Gottlob hatten – wie ich später erfuhr – die Hunde die erst wenige Tage

Mit der Rotte auf „Du".

Die Bache hat mich entdeckt: schlechter Wind.

Elektrozäune sind der einzige wirklich wirksame Schutz für die Felder.

Die Leitbache führt eine starke Rotte. Wird so eine Leitbache erlegt, leidet das Sozialgefüge einer Rotte.

alten Frischlinge im Kessel gefunden und abgetan. Das war in diesem Fall ein Segen – ich aber überlegte, ob man seiner individuellen Verantwortung gegenüber dem Wild noch gerecht wird, wenn man in dieser Jahreszeit auf eine noch so geringe Sau schießt.

Bachen sind aufopfernde Mütter, wenn auch die Erziehung ihrer Frischlinge alles andere als antiautoritär ist. Sie gehen mit ihrem Nachwuchs oft sehr ruppig um. Aber wenn es nötig ist, verteidigen sie ihre Frischlinge mit viel Elan. Das hat schon mancher Jagdhund erfahren müssen, der eine Bache mit ihren Frischlingen im Kessel gefunden und versucht hat, einen der Frösche zu greifen. „Dann werden Weiber zu Hyänen."

Bei einem Pirschgang an einen sommerlichen Morgen traf ich in einem weiträumigen Buchenaltholz auf einen Trupp geringer Überläufer, die auf Schrotschussentfernung vor mir im Gebräch standen. Hundert Gänge weiter und hangabwärts waren einige Bachen mit ihren noch sehr kleinen Frischlingen ebenfalls mit der Suche nach etwas Fressbarem beschäftigt. Ich schoss auf den geringsten der kleinen Überläufer-Keilerchen und dieser stürmte mit der Kugel tiefblatt hangabwärts auf die dort im Gebräch stehende Bachen-/Frischlingsrotte zu. Er war noch auf den Läufen, da kam ihm eine der Bachen bereits „röhrend" entgegen und war dann doch sehr verdutzt, als der Überläufer vor ihr schlegelnd zusammenbrach. Mit hochgestellten Federn bewindete sie ihn kurz und setzte sich dann mit ihrem Nachwuchs, der sich für mich unsichtbar gedrückt hatte, ab. Sie hatte wohl den Schuss nicht richtig registriert – bei den häufigen Tiefflügen unserer Düsenjäger und dem Knall, wenn diese die Schallmauer durchbrechen, sind sie ja an solche Geräusche mittlerweile gewöhnt. Jedenfalls schien der Bache der auf sie und ihre Frischlinge zustürmende Überläufer gefährlicher und sie sah ihn als eindeutige Bedrohung für ihren Nachwuchs an.

Immer wieder kommen in der Sommerhitze die Sauen zum Wasser, hier eine Bache.

Die Stengel der Wasserrosen schmecken vorzüglich.

Eine unglaubliche Geschichte

Natürlich bin ich neben meiner Arbeit als Wildfotograf auch ein leidenschaftlicher Jäger, und das schon seit vierzig Jahren. Dazu gehört auch die sommerliche Blattzeit, seit Jahren ist dies meine liebste Jagdart. Wieder eingeladen von einem guten Jagdfreund, den es heute leider nicht mehr gibt, sitze ich verborgen hinter einem dichten Busch auf einem kleinen Bodensitz auf der Schwäbischen Alb.

Noch bevor das erste Tageslicht die umliegenden Berggipfel erreicht, habe ich diesen Platz eingenommen um sicher zu sein, dass kein austretendes Wild von mir gestört wird. Wie oft bin hier schon gesessen – das erste Mal vor sieben Jahren – und erfreulicherweise ist immer

alles noch so geblieben, wie es am Anfang war. Selten bin ich ohne Bock nach Hause gefahren.

Ganz langsam spürt man das Erwachen des Tages. Das Morgenlicht verleiht der Landschaft eine unvorstellbare Schönheit. Mancher Jäger wird sich schon geärgert haben, in solchen Situationen keine Kamera im Rucksack zu haben. Doch wieder zurück zu der Blattjagd. Es ist Zeit, die ersten Fiepversuche mit dem Blatter zu probieren. Wie immer in verschiedene Richtungen lasse ich meine Fieptöne hören. Nichts tut sich, nach wenigen Minuten wiederhole ich dasselbe noch einmal. Wegen der schönen Öhmtwiese habe ich mein Teleobjektiv neben mir liegen, es könnte ja auch ein nichtjagdbarer Bock erscheinen, der sicher ein gutes Bild abgeben würde – ein wenig vorgesorgt ist immer besser.

Genau das hat sich in diesem Fall besonders bewährt. Kaum hatte ich meinen Blatter aus dem Mund, glaubte ich meinen Augen nicht zu trauen: eine riesige Bache kommt im Troll auf mich zu, jetzt aber schnell die Kamera, zwanzig Meter vor mir stoppt sie und sichert zu mir. Der Motor meiner Kamera rattert bis zum Ende des Films und erst die Rückspulgeräusche lassen die Bache wieder im dunklen Wald verschwinden, wo sie hergekommen ist.

Es war mein Tag, wohl ohne Rehbock, aber mit einer ungewöhnlichen Begegnung.

Der Keiler wird von der Rotte abgewehrt.

Fremde Keiler werden zur Sicherheit der Frischlinge von den Bachen abgewehrt.

Um sich als Fotograf in einer Schwarzwildrotte integrieren zu können, braucht man Wochen, bis man sich offen dem Wild zeigen kann. Dazu bedarf man noch der Mithilfe jenes Menschen, der bereits über Jahre den Kontakt mit den verschiedenen Rotten hält.

Die Rotte am Futterplatz. Besonders bei Regen oder Schneefall erscheinen die Sauen früher als sonst.

Sicher wusste die Bache, wie gut Rehe schmecken und sicher bin ich mit meinem Rehruf ein bisschen hoch abgekommen und habe einen Kitzruf imitiert. So geschehen manchmal die verrücktesten Dinge im Leben eines Tierfotografen und Jägers. Wichtig ist, dass man auf die verrücktesten Dinge in der Natur auch ein wenig vorbereitet ist.

Eine Bache bei den Eichen.

„Meine“ Rotte ist nach den Winterjagden klein geworden, aber die alten Bachen leben.

Sicher eine Bache.

Nächste Seite:
Führungsbache in der Rauschzeit.

Keiler

Im letzten Drittel des zweiten Lebensjahres lösen sich die Halbstarken-Rotten der Überläuferkeilerchen auf und diese nunmehr „angehenden" Keiler ziehen ab da bis zu ihrem Lebensende alleine durch die Wälder und Felder. Lediglich in der Rauschzeit treten sie kurzzeitig zu den Bachen-Rotten, um ihre biologische Pflicht zu erfüllen.

Obwohl sich vieles bei unseren Sauen geändert hat (es wird rund ums Jahr gerauscht und folglich auch gefrischt, dass die Fetzen fliegen) – liegt doch der Schwerpunkt der Rausche in den Monaten Dezember und Januar. Die Tragzeit beträgt dann drei Monate, drei Wochen und drei Tage, die Frischlinge kommen also rund 115 Tage nach dem erfolgreichen Beschlag zur Welt.

Tritt ein Keiler zur Rotte, in der sich eine rauschige Bache befindet, dann verändert sich sein Verhalten sofort und man sieht ihm auch sofort an, um was es hier geht: er kaut sich mit seinem Speichel einen steifen

Die Gesichter der Keiler unterscheiden sich manchmal derart, dass sie leicht wieder zu erkennen sind.

Schaum zurecht und verteilt diesen an Bäumen, Sträuchern und auf dem Boden. Werben zeitgleich zwei Keiler um die Gunst der Bache, dann kann es zu heftigen Auseinandersetzungen kommen. Fast immer ist der ältere Keiler Sieger und das auch dann, wenn er der körperlich vielleicht Schwächere der beiden ist. Der „reife" Keiler erreicht hierzulande ein Normalgewicht zwischen hundert und hundertfünfzig Kilogramm.

Die Zahl der Keiler, die hierzulande das tatsächliche Reifealter erreichen, ist beklagenswert gering. Die Erlegung eines dreijährigen Keilers wird oft schon gefeiert,

Sommerkeiler am Salzstock.

In der Suhle fühlt sich dieser Keiler besonders wohl.

Nach der Rauschzeit sind die Keiler schmal geworden.

Gegenüberliegende Seite: Kurz und gedrungen ist sein Haupt. Auch Sauen haben Gesichter.

als hätte der Erleger eine Ruhmestat vollbracht. Dabei ist ein solcher von einem wirklich reifen Keiler noch ebenso weit entfernt wie ein quäkender „Superstar" von Placido Domingo. Gewiss, die bundesweit vorhandene Schwarzwild-Überpopulation zwingt zu drastischen jagdlichen Maßnahmen, aber gerade die bereits einzeln ziehenden Keiler sind nahezu „pest-unrelevant". Viele Jäger haben noch nie einen wirklich reifen Keiler gesehen. Seine Silhouette ist eigentlich unverkennbar: schwerer massiger Kopf, das ganze Gewicht scheint auf den Vorderläufen zu liegen beziehungsweise diese „stehen" unter dem Schwerpunkt des gesamten Wildkörpers. Die nach hinten abfallende Rückenlinie ist ebenfalls sehr typisch: der Pürzel endet in einer gewaltigen Quaste und das Kurzwildpret („Steine") und der Pinsel sind bei einigermaßen günstigen Lichtverhältnissen eigentlich mit einem guten Glas auch immer zu erkennen.

Im ersten Licht schon sehe ich einen Keiler.

Alte Bachen können gelegentlich auch durchaus keiler-ähnlich wirken. Man ist immer auf der sicheren Seite, wenn man sich bemüht, das Kurzwildpret und/ oder den Pinsel zu erkennen und diese Geschlechts-Attribute haben auch noch so maskuline Bachen logischerweise niemals.

Im Frühsommer ist der normale, gesunde Keiler bereits voll in der meist silbrig erscheinenden Sommerschwarte, während die (führenden) Bachen noch im Haarwechsel sind oder diesen gerade erst beginnen. Wer also im Juni auf eine schwarze Sau schießt, wird in den seltensten Fällen einen Keiler auf dem Anschuß finden, sondern fast immer eine Bache! Während meiner aktiven Zeit als Schweißhundführer musste ich vor, bezie-

Keilerköpfe können unendlich verschiedene Gesichtsausdrücke erzeugen.

hungsweise bei Nachsuchen oft hören, dass „man" im Sommer aus einer gemischten Rotte den Keiler beschossen habe. Das wildbiologische Wissen ist bei manchen Jägern doch recht unterentwickelt. Ein mehrjähriger Keiler ist eben so gut wie nie in den Sommermonaten bei der Rotte, es sei denn, dort wäre eine zur Unzeit rauschige Bache dabei.

In meinem früheren Revier zog ein sehr starker Keiler seine Fährte. Meine erste Begegnung mit ihm hatte ich wenige Tage vor Ende der Schwarzwild-Schonzeit, sozusagen „abendfüllend" in einer Schneise vor meinem Hochsitz, als er die verrottenden Stubben auseinander nahm und laut schmatzend die Holzmaden fraß. So konnte ich im hellen Sonnenschein wie in einem guten

Schnell kommt der Überläufer auf mich zu, in letzter Sekunde merkt er mich und dreht ab.

Buch alle generellen und individuellen Altersmerkmale studieren und ich war schon ein wenig sauer, dass es erst der zwölfte und nicht bereits der sechzehnte Juni war.

In einer nahen Suhle fand ich in den Folgemonaten ständig seine unverkennbare Fährte und ich saß mir auf dem Hochsitz an besagter Schneise, die seine Einstandsdickung sozusagen halbierte, den Hintern platt. Ich sah ihn dort nie wieder, obwohl er mit Sicherheit hier „zu Hause“ war. Zweimal begegnete er mir noch außerhalb seiner engeren Heimat und auch zwei Jagdgäste hatten ihn bei bestem Licht vor, nur um mich machte er offenbar einen weiten Bogen. Ob und wo er erlegt wurde, weiß ich nicht. In unserem rund zweitausend Hektar umfassenden Staatswaldkomplex jedenfalls nicht.

Wasser brauchen Sauen immer.

Keiler führen halt ein einsames und geheimnisvolles Dasein und weil wir ihnen so selten begegnen, sollten wir die beeindruckenden Fotos besonders intensiv genießen. Und wir sollten nicht auf jeden angehenden Keiler Dampf machen und wenigstens einigen Keilern ermöglichen, reif und alt zu werden. Die biologische Altersgrenze liegt – so sagt es uns die Wissenschaft – hierzulande bei plus/minus fünfzehn Jahren. Diese aber dürfte kaum eine Sau erreichen.

Verkrustet von Eis und Schnee.

An guten Wechseln sitze ich oft im Schnee.

Der Keiler am Mahlbaum.

Langsam senkt sich die Nacht über das Schwarzwildrevier.

Plötzlich steht der schwarze Keiler vor mir, wie Elfenbein leuchtet sein Gebrech.

Kampf der Keiler

Ein sonniger Herbsttag liegt über dem Revier, spielend tanzen die Schnacken in der Nachmittagssonne auf und ab als müssten sie nach dem Takt einer Geige einen rhythmischen Tanz vollziehen.

Für die Jahreszeit ist es eigentlich noch zu warm, denn es war ein sehr heißer Sommer, der die Wärme in den dunklen Wäldern des Reviers bis in die Herbsttage gespeichert hat. Golden leuchten die bereits gelb gefärbten Blätter der Buchen und die Eichen haben in der Sommerhitze längst schon ihre Früchte verloren. Viel ist es dieses Jahr nicht gewesen, was die dicken Eichen für die Sauen produziert haben, dennoch habe ich meinen Ansitzplatz hier gewählt.

... auch Eberhardt hat es eilig, Duftmarken zu setzen.

Obwohl ich in einem großen Gatterrevier fotografiere, sind die Sauen nicht an die Menschen gewöhnt und ich muss schon darauf achten, woher der Wind bläst – vor allem, wenn ich nicht in Begleitung meines Freundes bin, der hier als Berufsjäger arbeitet. So sitze ich nun hier an einem von mir gut gewählten Platz, sicher versteckt, das Objektiv auf dem Stativ, und warte auf die Sauen. Stunde um Stunde vergeht. Ich fühle mich befreit in diesem Wald, es ist ein Platz, den der Lärm der Straßen nicht mehr erreicht. Es ist eigentlich schwer zu beschreiben, was mich hier so gefangen hält, ist es die Ruhe oder sind es nur die Sauen? Sicher ist es

Der Schwarze!

beides, die Erwartung auf ein anwechselndes Stück Wild.

Ab und zu höre ich das Rätschen eines Eichelhähers, was mir die Gewissheit gibt, dass die Sauen unterwegs sind. Meine Gedanken sind schon Tage voraus, in der hohen Zeit der Keiler, der Rauschzeit. So wie die Sommerhitze die Rehbrunft im Zeitablauf ein wenig durcheinander gebracht hat, scheint es, dass dieses auch beim Schwarzwild der Fall sein könnte, denn immer wieder höre ich in der Ferne, dass sich zwei Keiler zu nahe kommen.

Plötzlich brechen sie aus der Dickung und gehen schreiend auf einander los...

Die Sonne steht noch recht hoch und das Licht an dem Platz, wo ich die schreienden Keiler vermute, müsste noch recht gut sein. Es ist eine kleine Dickung mitten in einem Altholzbestand von Buchen und Fichten, von einem Fahrweg getrennt mit einem angrenzenden schmalen Wiesenstreifen. Ich kann mich noch an die Zeit erinnern, als dies noch ein frischer Kahlschlag war. Manche grobe Sau wurde hier von mir fotografiert.

Den Pirschweg dort hin kenne ich genau. Mein 800-mm-Objektiv samt Stativ auf dem Rücken, versuche ich, geräuschlos vorwärts zu kommen. Wieder schreien die Keiler, wieder müssen sie aneinander geraten sein. Jetzt kann ich bereits das helle Abendlicht, das auf dem Wiesenstreifen liegt, gut erkennen. Nur nichts überhasten. Schritt für Schritt setze ich einen Fuß vor den anderen, bis ich das Ende des Pirschweges erreicht habe.

... die wehrhaften Hauer blitzen im Gebrech.

Ein kleines Bäumchen und ein Busch Ginster bieten mir ausreichend Schutz, so dass ich den Wunsch, mich auf den kleinen Drückjagdstand zu begeben, sofort wieder fallen lasse.

Kaum habe ich mein Stativ mit der Kamera ausgerichtet, steht ein kapitaler Keiler vor mir. Vermutlich durch meine unvermeidlichen Geräusche aufmerksam geworden erscheint er auf der Waldwiese. Weiches Abendlicht liegt auf seiner schwarzen Schwarte und wie Elfenbein leuchten seine dicken und langen Waffen aus seinem Gebrech, ein wirkliches Hauptschwein.

Bild um Bild entsteht und ich danke jetzt schon Diana für diesen einzigartigen Anblick. Das ist Tierfotografie in Vollendung. Doch dies ist längst noch nicht alles. Aus dem Altholz erscheint der Rivale, es ist Eberhardt, der schon über Jahre bekannte helle Keiler im Revier. Er hat seinen Namen nicht gerade zu unrecht bekommen.

Die Schläge auf den Körper sind so hart, dass die Fichten-

Die scharfen Waffen der Keiler gehen oft bis unter die dicke Schwarte.

Ein weisser Schaumball verdeckt sein starkes Gebrech, mit hastigen Bewegungen streift er ihn am nächsten Ginsterbusch ab. Er markiert sein Revier. Wieder ist Ruhe auf der Waldwiese. Ich habe Zeit, einmal auf mein Kamera zu schauen. Zum Glück sind noch genügend Bilder frei auf meinem Film.

Plötzlich brechen beide Sauen aus dem Holz, gehen mit seitwärtsgerichteten Schritten auf einander zu, bis es mitten auf der Wiese zu einem gewaltigen Kampf kommt. Die Sauen schlagen so heftig mit ihren Hauern gegen den Körper des Gegners, dass die letzten Fichtennadeln aus den Borsten fliegen. Die Schreie der kämpfenden Keiler dringen weit in die Stille des Waldes. Da senkt Eberhardt sein Haupt, der Schwarze hat gesiegt; mit hochgezogenem Gebrech zeigt er seine starken Waffen. Solche Augenblicke erleben zu dürfen, gehört zu den Sternstunden eines Wildfotografen. Zur richtigen Zeit auf dem richtigen Platz zu sein, ist auch ein wenig Intuition. Und manchmal habe ich natürlich auch den Wunsch, bei solchen Begegnungen ein wenig Jäger sein zu dürfen.

Am nächsten Morgen schon im Dämmerlicht sitze ich wieder im Schwarzwildrevier. Jetzt wird dieses mich nicht mehr loslassen, ob es regnet oder ob die Sonne scheint. Mit den Sauen zu leben, ist etwas Besonderes, es ist eine Wildart mit Seele und Verstand. Rauschzeit ist hohe Zeit, wie Blattzeit im Sommer oder das Rufen der Hirsche im September. Jedes Jahr ist das so. Sicher wird noch mancher Schrei der kämpfenden Keiler in der Rauschzeit in den Wälder der Sauen zu hören sein, bis wieder alles zur Ruhe gekommen ist und der Schnee die Landschaft verändert.

Eberhardt gibt auf.

... noch im selben Jahr liegt er nach einer Jagd auf der Strecke.

… zu Rausc

hzeit

Keiler machen auf mich immer den Eindruck, als seien sie mürrische Einzelgänger, deren Harmoniebedürfnis nicht sonderlich ausgeprägt ist. Sie gehen miteinander und auch mit den (rauschigen) Bachen nicht sehr zimperlich um. Zu heftigen und meist sehr lautstarken Kämpfen kommt es aber dann, wenn zwei in etwa gleich starke und/oder gleich alte Keiler zu einer Rotte stoßen, in der eine oder mehrere rauschige Bachen stehen.

Im Saupark in Springe konnte ich beobachten, dass in den Sommermonaten auch alte Keiler in „Altherren-Rotten oder -trupps" zusammenstehen. Ob dies auch in freier Wildbahn vorkommt oder eine gatter-spezifische Eigenheit darstellt, vermag ich nicht zu sagen.

Wer (wie ich) schon viele Male mit seinem vom Keiler böse zugerichteten Hund zum Tierarzt fahren musste, weiß, welch böse Verletzungen der Keiler mit seinem Gewaff verursachen kann. Die messerscharfen Gewehre zusammen mit den Haderern dringen tief ins Leben des Kontrahenten ein, und es ist wie ein Wunder, dass die meisten Keiler diese Verletzungen anscheinend problemlos ausheilen. Das liegt auch sicher daran, dass es im Dezember/Januar, in der Hauptrausche also, keine Fliegen gibt, die ihre Eier in die Wunden ablegen können. Zur Unzeit rauschende Bachen (also beispielsweise in den Monaten Mai bis August) können natürlich auch die Ursache für Keiler-Kämpfe sein und in diesen Monaten kann es mit dem Ausheilen der Kampfwunden durchaus kritisch werden. Die Fliegen legen ihre Eier in die Wunden und da sich die Sauen aufgrund ihres starren Knochengerüstes nicht lecken – und so die Wunde sauber halten – können, werden sich die Eier zu Maden entwickeln und die Sau förmlich auf-

Starke Keiler sehe ich oft – und vielen gab ich einen Namen. Hier „der Schöne".

Oben: „Langwurf".
Mitte: Wo immer nur möglich, setzt der Keiler Schaum im Revier.
Unten: Der „Kurze" sichert.

Mit der Kamera inmitten
der Keiler.

fressen. Ein gewisser Schutz dagegen ist das Suhlen. Wenn sich die Sau sozusagen einen täglichen Schlammverband gönnt, dann kann es ihr gelingen, eine sonst unausweichliche Sepsis zu verhindern.

Die Schwarte im vorderen Körperbereich ist beim Keiler stark verdickt. Wer schon einmal einen alten Keiler abgeschwartet hat, weiß, dass die Schwarte im Blattbereich fast einen Zentimeter misst. Sie hält natürlich schon einiges aus, beziehungsweise federt manchen Schlag ab.

In manchen Gegenden gibt es kaum starke Keiler, die noch intakte Gewehre haben, so zum Beispiel im Revier Làbod im südlichen Ungarn. Die Waffen split-

Rauschzeit macht den stärksten
Keiler einmal müde.

Auch einer, der mich nicht mag...

Keiler waren von mir in den Jahren mit den Sauen immer sehr respektiert. Konnte ich mich mit einigen arrangieren, so musste ich mich vor manchen in Sicherheit bringen. Längst habe ich – von den Sauen untereinander – den Seitenschritt eines Angriffs kennengelernt, so muss ich auch sofort akzeptieren und weiß, was es bedeutet, wenn man mir die Waffen zeigt. Man weiß bald, wo man seine Grenzen zu setzen hat.

tern – aus welchen Gründen auch immer – und so kann es auch kaum zu schweren Verletzungen bei Keilerkämpfen kommen.

Es ist nur wenigen Jägern vergönnt, einen Keilerkampf sozusagen „live" erleben zu dürfen. Zum ersten gibt es eben viel zu wenige starke und alte Keiler und zum anderen finden solche Auseinandersetzungen eben meist in der Nacht und dazu im Dichten und seltener auf einsehbaren Freiflächen statt. Ich selbst habe in meinem langen Jägerleben zweimal solche Keiler-Kämpfe – allerdings nur akustisch – verfolgen können. Sie dauerten jeweils deutlich über eine halbe Stunde und als ich den Hochsitz verließ, waren sie immer noch im Gange. Gesehen habe ich dabei allerdings nicht eine Borste!

Auch Keiler tragen Trockengras
in ihre Tageskessel.

Zu viele Rivalen.

Nächste Seite:
Starke Fährten – starke Sauen.

Links: Markieren, wo es nur geht. Er zeigt mir seine ganze „Waffenkammer“.

Suchen – finden – Keilerschreie.

Suchen – finden – Keilerschreie.

Jagd ist Stille.
Jagd ist stilles Erleben...

„Hahn in Ruh."